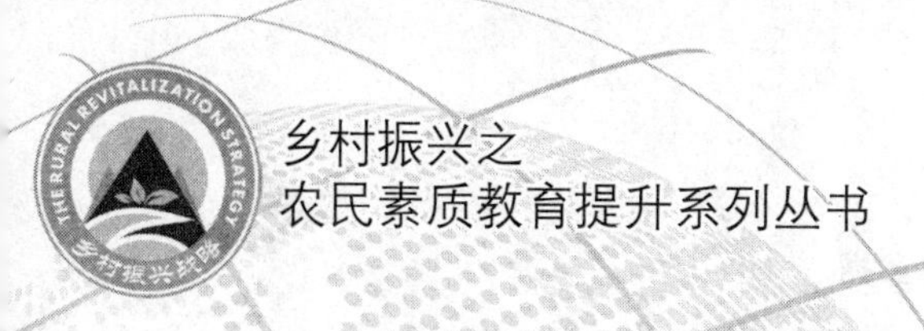

乡村振兴之
农民素质教育提升系列丛书

智慧农业

◎ 李伟越　艾建安　杜完锁　主编

中国农业科学技术出版社

图书在版编目（CIP）数据

智慧农业 / 李伟越，艾建安，杜完锁主编．—北京：中国农业科学技术出版社，2019．7

（乡村振兴之农民素质教育提升系列丛书）

ISBN 978-7-5116-4316-2

Ⅰ．①智… Ⅱ．①李… ②艾… ③杜… Ⅲ．①信息技术－应用－农业 Ⅳ．①S126

中国版本图书馆 CIP 数据核字（2019）第 153962 号

责任编辑　徐　毅
责任校对　贾海霞

出 版 者　中国农业科学技术出版社
　　　　　北京市中关村南大街12号　　　邮编：100081
电　　话　（010）82106631（编辑室）（010）82109702（发行部）
　　　　　（010）82109709（读者服务部）
传　　真　（010）82106631
网　　址　http: // www.castp.cn
经 销 者　全国各地新华书店
印 刷 者　北京富泰印刷有限责任公司
开　　本　850mm×1 168mm　1/32
印　　张　5.25
字　　数　150千字
版　　次　2019年7月第1版　　2020年11月第6次印刷
定　　价　26.00元

版权所有・翻印必究

《智慧农业》

编委会

主　编　李伟越　艾建安　杜完锁

副主编　王省洲　潘青仙　张竹茂

　　　　乔芳芳　柳　飞　韩雪莲

编　委　孙晓哲　李　聪　李　炜

　　　　王荣月　吴文栋　曾凡青

　　　　董丽萍　王　梁

PREFACE 前 言

智慧农业是物联网技术、移动互联网、大数据、云计算等多种新型信息技术在农业中综合、全面的应用。它是现代农业发展的高级阶段，也是现代农业希望实现的一个重要目标。智慧农业的实现，能够为农业生产提供精准化种植、可视化管理、智能化决策，极大地提升农业的生产品质和价值。

本书全面系统地介绍了智慧农业知识，分为7章。第一章对智慧农业进行了概述，包括智慧农业的概念、作用、系统构架、核心技术以及物联网技术在智慧农业中的应用。第二章是精准农业生产系统，介绍了农田小气象、智慧设施农业、智慧大田种植、智慧果园种植、智慧畜禽养殖、智慧水产养殖等。第三章对农机装备定位和调度系统进行了介绍。第四章对农业病虫害防治系统的架构、功能及应用进行了介绍。第五章是农产品智能物流追溯体系，介绍了农产品物流物联网、农产品智能冷链物流技术以及农产品质量安全追溯系统。第六章是智慧农业经营管理系统，包括农业信息监测平台、智慧农业电子商务系统、农村土地流转公共服务平台、农业电子政务平台等。第七章是农村信息服务平台，包括农村生活信息、生产信息服务平台以及重大农业信息化工作。

由于编写时间仓促，经验不足，书中有不当之处敬请广大读者批评指导，以便再版时修订。

编　者

2019年6月

CONTENTS 目录

第一章 智慧农业概述

第一节 什么是智慧农业

一、智慧农业的概念

智慧农业是指充分应用信息技术成果，集成应用计算机与网络技术、物联网技术、音视频技术、3S技术、无线通信技术及专家智慧与知识实现农业可视他远程诊断、远程控制、灾变预警等智能管理及实现智能自动化。除了精准感知、控制与决策管理外、从广泛意义上讲，智慧农业还包括农业电子商务、食品溯源防伪、农业休闲旅游、农业信息服务等方面的内容。

二、智慧农业的作用

智慧农业与现代生物技术、种植技术等高新技术融合于一体，是现代农业发展的新趋势，对现代农业发展具有重要作用。

1. 显著提高农业生产经营效率

通过传感器对农业环境的精准、实时、长期监测，利用云计算、数据挖掘等技术进行多层次深入分析，并将分析指令与各控制设备进行连接完成农业生产、管理和决策。这种智能机械代替人的农业劳作，不仅解决了农业劳动力日益紧缺的问题，而且实现了农业生产高度规模化、集约化、工厂化，提高了农业生产对自然环境风险的应对能力，使弱势的传统农业成为具有高效率的现代产业。

2. 有效改善农业生态环境

传统的农业生产，很多是以破坏环境来换取粮食产量的提升的，而现在实施智慧农业物联网解决方案，可以有效改善农业生态环境。通过对其物质交换和能量循环关系进行系统、精密运算，保障农业生产的生态环境在可承受范围内，例如，定量施肥不会造成土壤板结，反而能培肥地力等，促进作物的生长，使弱势的传统农业成为具有高效率的现代产业。

3. 解决了农业劳动力日益紧缺的问题

目前农业劳动力不足是农业生产中面临的一个主要问题之一，通过实施智慧农业物联网解决方案，可以实现一个人管理多个大棚，一个人开展大面积的土壤施肥和灌溉，因此，有效解决了农业劳动力日益紧缺的问题，同时，也实现了农业生产高度规模化、集约化、工厂化。

4. 彻底转变农业生产者、消费者观念和组织体系结构

完善的农业科技和电子商务网络服务体系，使农业相关人员足不出户就能够远程学习农业知识，获取各种科技和农产品供求信息；专家系统和信息化终端成为农业生产者的大

脑，指导农业生产经营，改变了单纯依靠经验进行农业生产经营的模式，彻底转变了农业生产者和消费者对传统农业落后、科技含量低的观念。

5. 促进农业的现代化精准管理

智慧农业阶段，农业生产经营规模越来越大，生产效益越来越高，迫使小农生产被市场淘汰，必将催生以大规模农业协会为主体的农业组织体系。智慧农业功能构建包括特色有机农业示范区、农科总部园区和高端休闲体验区，有利于促进农业的现代化精准管理、推进耕地资源的合理高效利用。

第二节　智慧农业与物联网

一、物联网的概念和特点

1. 物联网的概念

物联网是一个新的网络概念，至今并没有一个统一的定义。

国际通用的对物联网的定义：物联网通过射频识别（RFID）、红外感应器、全球定位系统、激光扫描器等信息传感设备，按约定的协议，把任何物品与互联网连接起来，进行信息交换和通信，以实现智能化识别、定位、跟踪、监控和管理的一种网络。

欧洲智能系统集成技术平台（EPoSS）在发布的《Internet of Things in 2020》报告中指出：物联网是由具有标识、虚拟个性的物体/对象所组成的网络，这些标识和个性等信息在智能空间使用智慧的接口与用户、社会和环境进行通信。其实质是将现有的互联的计算机网络扩展到互联的物品网络。

2010年，我国政府工作报告对物联网的定义做了如下说明：物联网就是把所有物品通过各种信息传感设备，如传感器、射频识别技术、全球定位系统、红外感应器、激光扫描器、气体感应器等各种装置与技术，实时采集任何需要监控、连接、互动的物体或过程，采集其声、光、热、电、力学、化学、生物、位置等各种需要的信息，按照约定的协议，与互联网结合形成的一个巨大网络，进行信息交换和通信，以实现物与物、物与人智能化识别、定位、跟踪、监控和管理的一种网络。

物联网的特征是对每一个物件都可以寻址，联网的每一个物件都可以控制，联网的每一个空间都可以通信。物联网是把过去很多区域化的专用网和互联网再进一步渗透、连接起来，是新一代增值业务在更广泛的网络平台上集合起来。物联网不是一个独立的网络，它是对现在的互联网进一步发展、泛在的一种形式。

物联网中的“物”要满足以下条件才能够被纳入“物联网”的范围。

（1）要有相应信息的接收器。

（2）要有数据传输通路。

（3）要有一定的存储功能。

（4）要有CPU。

（5）要有操作系统。

（6）要有专门的应用程序。

（7）要有数据发送器。

（8）遵循物联网的通信协议。

（9）在世界网络中有可被识别的唯一编号。即物联网中的“物”都具有标识、物理属性和实质上的个性，使用智能接口实现与信息网络的无缝整合。

总之，狭义上的物联网指连接物品到物品的网络，实现物品的智能化识别和管理；广义上的物联网则可以看做是信息空间与物理空间的融合，将一切事物数字化、网络化，在物品之间、物品与人之间、人与现实环境之间实现高效信息交互方式，并通过新的服务模式使各种信息技术融入社会行为，是信息化在人类社会综合应用达到的更高境界。

2. 物联网的特点

物联网具有全面感知、可靠传输、智能处理三大特点。

（1）全面感知。全面感知是指物联网随时随地获取物体的信息。要获取物体所处环境的温度、湿度、位置、运动速度等信息，就需要物联网能够全面感知物体的各种需要考虑的状态。全面感知就像人身体系统中的感觉器官，眼睛收集各种图像信息，耳朵收集各种音频信息，皮肤感觉外界温度等。所有的器官共同工作，才能够对人所处的环境条件进行准确地感知。物联网中各种不同的传感器如同人体的各种器官，对外界环境进行感知。物联网通过RFID、传感器等感知设备对物体各种信息进行感知获取。

（2）可靠传输。可靠传输对整个网络高效、正确地运行起到了很重要的作用，是物联网的一个重要特征。可靠传输是指物联网通过对无线网络与互联网的融合，将物体的信息实时准确地传递给用户。获取信息是为了对信息进行分析处理，从而进行相应的操作处理。可靠传输在人体系统中相当于神经系统，把各器官收集到的各种不同信息进行传输，传输至大脑中由大脑做出正确的指示，同样，也将大脑做出的指示传递给各个部位进行相应的改变和动作。物联网中的传输可以使用目前互联网所使用的各种传输技术，包括有线、无线以及广域、局域、个域。

（3）智能处理。智能处理相当于是人的大脑根据神经系统传递来的各种信号作出决策，指导相应的器官进行活动。在物联网系统中，智能处理部分将搜集来的数据进行处理运算，然后作出相应的决策，来指导系统进行相应的操作，它是物联网应用实施的核心。智能处理是指利用各种人工智能、专家系统、云计算等技术，对物联网海量数据和信息进行分析和处理，对物体实施智能化监测与控制。

二、物联网的系统架构

根据信息生成、传输和应用的原则，物联网系统可以分为感知层、网络层（传输层）和应用层（图1-1）。

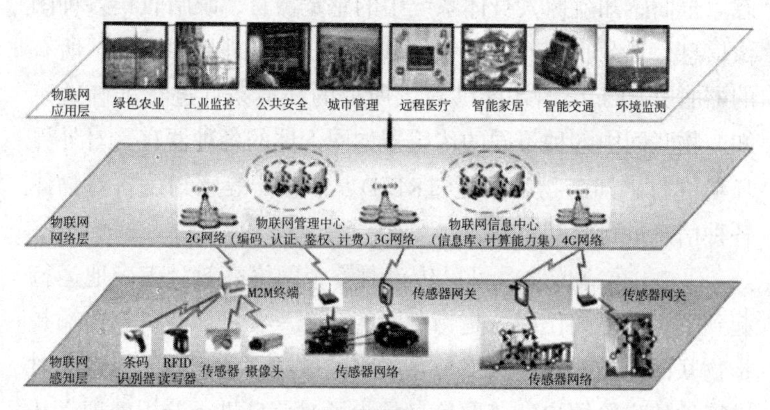

图1-1　物联网系统构架

1. 感知层

感知层顾名思义就是感知系统的一个层面，这里的感知主要就是指系统信息的采集。感知层包括就是把所有物品通过一维/二维条码、射频识别（RFID，Radio Frequency Identification）、传感器、红外感应器完成传输到互联网前的准备工作。

感知层由各种传感器以及传感器网关构成，包括二氧化碳浓度传感器、温度传感器、湿度传感器、二维码标签、RFID标签和读写器、摄像头、全球定位系统（GPS，Global Positioning System）、全球定位系统等感知终端。感知层的作用相当于人的眼耳鼻喉和皮肤等神经末梢，它是物联网获识别物体，采集信息的来源，其主要功能是识别物体，采集信息，包括各类物理量、标识、音频、视频数据，并传送到上位端。

感知层是实现物联网全面感知的核心技术；感知节点随时感知、测量、捕获和传递信息，汇接点汇聚、分析、处理和传送数据。

目前感知层的智能化程度不高，仅能实现数据的采集与传输，但未来一定会向着智能化方向发展，例如，机场反侵入系统，原来只能看物体是否靠近，将来要知道这个物体是什么，它靠近的方向、企图、速度等信息。

智慧农业中的感知层主要包括农业生产场景中各种农业生产信息的采集，进行智能控制的信息的接收和执行。

2. 网络层

物联网的网络层可以理解为搭建物联网的网络平台，它由各种私有网络、互联网、有线和无线通信网、网络管理系统和云计算平台等组成，相当于人的神经中枢和大脑，负责传递和处理感知层获取的信息。实现更加广泛的互联功能，能够把感知到的信息无障碍、高可靠性、高安全性地进行传送，这需要新兴的传感器网络与移动通信技术、互联网技术相融合。

网络层所需要的关键技术包括长距离有线和无线通信技术、网络技术等。网络层为建立网络连接和上层提供服务，具备以下主要功能：路由选择和中继；激活、终止网络连接；在一条数据链路上复用多条网络连接，多采用时分复用技术；差错检测与恢复；排序、流量控制；服务选择；网络管理；信息存储与查询等。

智慧农业中的网络层主要涉及将感知层采集的各类信息，通过物联网网络进行汇总，并将各种农业信息进行融合，通过有线或无线方式，向智慧农业信息平台网络发布。

3. 应用层

应用层是物联网和用户（包括人、组织和其他系统）的接口，主要是利用经过分析处理的感知数据，为用户提供丰富的应用，将物联网技术与个人、家庭和行业信息化需求相结合，实现广泛智能化应用解决方案。应用层包含应用支撑平台子层和应用服务子层，应用支撑平台子层用于支撑跨行业、跨应用、跨系统之间的信息协同、共享、互通的功能。应用服务子层包括智能交通、智能医疗、智能家居、智能物流、智能电力、绿色农业、工业监控、公共安全、城市管理、环境监测等行业应用。

智慧农业中的应用层涉及的任务是将传输来的信息进行分析和处理，并根据信息进行分类和数据挖掘，为农业决策提供数据依据，并对农业生产设备进行远程控制，农业生产智能化和智慧化。

三、物联网技术在智慧农业中的应用

“智慧农业”是一项综合性很强的系统工程，物联网技术作为其中的核心技术之一，在农业生产的各个环节中都得到了应用。

1. 在农业信息监测中的应用

物联网技术应用在农业信息监测中能够实时监视农作物灌溉情况，监测土壤空气变更、畜禽的环境状况以及大面积的地表检测等，收集温度、湿度、风力、大气、降雨量等数据信息，测量有关土地的湿度、氮含量变化和土壤pH值等，从而进行科学预测，帮助农民合理灌溉、施肥、使用农药、抗灾、减灾，科学种植，提高农业综合效益。通过对温度、湿度、氧含量、光照等环境调控设备的控制，优化生长环境，保障农产品健康生长。

2. 在农业销售流通领域的应用

物联网技术应用在农产品加工环节，制作农产品电子标签和运输车辆的电子标签，并将电子标签录入系统之中。加工企业通过电子标签得到农产品的相关信息，加强对农产品流通加工的信息化管理。

物联网技术应用在农产品仓储和销售环节管理。分析农产品存放环境的温度和湿度，加强对库房的监控；监控农产品的出入库流程、货物移动、售后管理等；优化农产品存储管理，及时提醒相关人员进行货物补充，进而加强对销售环节的管理。

物联网技术应用在农产品运输环节。利用物联网系统合理安排运输路线和运输数量，实现运输成本的降低。而且能够提高农产品运输的自动化水平，减少农产品运输的环境污染。

3. 在农产品安全溯源系统的应用

物联网技术在农产品安全溯源系统中主要运用RFID技术。如在畜牧业中，为每一头牲畜制作RFID标签，在畜牧养殖、屠宰、物流、销售等阶段，通过对标签信息的解读和录入对其身份进行数字认证。消费者可以通过商家的RFID终端查询产品信息，发现问题产品或发生食品安全问题，可以向上层追查，找到问题根源。

4. 在农业信息管理中的应用

通过对农产品的生产、流通、销售等环节中采集到的大量数据，可以建立起庞大的农业信息数据库。依托海量的农业信息，可以建立起农业信息发布平台、农业科技信息服务平台、农业专家咨询平台、农业电子商务平台等。通过对农业信息数据的分析，进而为智慧农业的发展提供高质量的信息服务。

第三节　智慧农业的系统架构

智慧农业的系统架构如下。

一、农业现场信息采集和控制

这个部分主要涉及农业生产现场中各种信息的采集以及控制信息的接收和执行。

可以通过各种设备（主要是各种类型的传感器设备）采

集的农业现场的信息包括很多种，举例如下。

农业生产环境信息：包括农作物生长环境的空气温/湿度信息、土壤温/湿度信息等，水产养殖中的水环境状况信息等，牛羊等牲畜养殖场所的环境信息等以及在农产品溯源应用中，各个环节所涉及的环境信息，例如，冷库及冷链运输中环境温度的监测等。

农产品状况信息：包括农作物、牲畜、家禽、水产作物等各种农产品的育苗、生长、繁殖等阶段的信息，例如，植物作物的株高信息、病虫害信息等。

其他辅助信息：一些通用的信息化技术与农业生产的结合，也会为农业生产带来便利，例如，GPS信息在农业定位中的应用。

可以通过多种控制设备（主要是各种类型的电磁开关）对农业现场的设备进行控制，例如，通风控制器、喷淋控制器以及多幅卷帘控制器（控制卷帘位于多种状态）等。

标识信息可以和智慧农业中的多个应用相结合，对物体进行统一标识，通常应用在追踪和溯源应用以及工作人员的身份识别中。例如，RFID标签及二维码标签在牛、羊等溯源系统中的应用，包括养殖环节中的RFID耳标、屠宰环节的循环RFID标签、零售环节（超市）中的二维码标签等。

随着技术的发展及智慧农业的推广，未来会有更多的现场采集设备和控制设备出现，使得更多的农业信息可以通过互联网送至数据处理中心进行存储和分析，并使操作者可以远程查看农业生产的实时状况以及进行远程控制。在这个部分中，传感器技术、控制器技术、标识技术是其中重要的关键技术。

二、短距离信息传输

这个部分主要涉及农业生产现场的短距离范围的有线和无线通信技术。在农业生产现场中，通常要部署多个设备，例如，在“温室大棚”中部署多个传感器和控制器，需要将这些现场的设备连接至互联网上。通常的做法是，使用短距离通信技术，将现场的设备与网关相连，网关再与互联网连接，从而实现终端设备通过互联网与系统后台以及用户终端的交互。

目前的智慧农业的各种应用场景中，短距离通信技术主要包括有线和无线2种方式。

1. 有线方式

目前的有线方式包括模拟和数字两种，模拟方式是指模拟传感器通过模拟信号线与网关连接，通常传输的是电压或者电流信号，由于模拟传感器成本较低，因此，目前占有一些份额。数字方式是指数字传感器通过通用的协议与网关连接，目前较常用的协议有RS232/485、现场总线等，数字方式虽然目前的成本较高，但是组网灵活，可以实现更多的功能，将会逐渐扩大应用规模。

2. 无线方式

由于农业现场的环境复杂，需要应用在生产现场的短距离无线通信技术具备灵活组网、低功耗等特性。目前通信业界比较流行的短距离无线通信技术是ZigBee，其具有灵活的组网方式、优良的节电性能以及较低的成本。目前，ZigBee也成为智慧农业现场主要采用的短距离无线通信技术。6LoWPAN是一种结合了IPv6技术的短距离无线通信技术，具有和IPv6无缝融合的优势，是可以在下一代互联网中应用的短距离无线通信技术之一。

三、广域信息传输

当智慧农业系统需要进行广域互连或者服务器部署在后台公共服务环境时，需要引入广域的有线或无线通信网的支持，这个部分主要涉及智慧农业系统中各个模块、子系统与互联网的连接。将各个部分连接至互联网，可以利用互联网“无所不达”的通达性，实现在任何地方、任意时间都能通过互联网与智慧农业应用进行交互，获取实时信息，或者进行远程操作和控制。

目前，比较通用的广域通信技术包括有线和无线2种，下面分别介绍在智慧农业中使用较多的广域通信技术。

1. 有线技术

有线方式具有传输质量稳定、带宽高、成本较低的优势，主要包括以太网、ADSL、光纤等方式。在智慧农业中，后台系统与互联网的连接以及一些关键设备和子系统与互联网的连接需要保证，通常采用有线进行连接，必要时，采用专线技术保证数据的传输质量。

2. 无线技术

无线方式在无线信号覆盖的任意地方都可以连接网络，具有组网灵活、不受位置限制的优势。但是，无线链路不稳定，易受到环境的干扰，而且带宽与有线链路相比，带宽较低、价格较高。目前广域无线技术包括2.5G/3G移动通信、WiMAX等。在智慧农业中，一些农业生产场所远离城市，有可能位于有线网络基础设施仍没有到达的地方，这些地方的信息化系统和设备可以通过广域无线技术与互联网相连。此外，用户的终端设备，例如，智能手机、平板电脑、无线上网本都可以通过无线技术与互联网相连，实现随时随地访问智慧农业业务，进行远程信息查看和控制。

四、智慧农业后台系统

这个部分相当于整个智慧农业系统的“大脑”，主要负责整个系统中数据的处理、规则的制定，以及整个系统的管理等。后台系统包含的模块很多，不同的应用对模块功能有不同的需求，其中，包括一些关键的共性功能，具体功能叙述如下。

1. 数据存储和处理

这个模块主要对系统中由农业现场产生的海量数据进行存储、分析和处理。有些应用需要使用大量的历史数据，例如，对农业生产环境的监测，长期记录的历史数据及分析结果对农业生产有着很好的指导意义；农产品溯源应用中，数据必须存储一定的期限，用于产品溯源信息的查询。对原始信息的分析和处理，也是非常关键的功能模块，针对农业生产特性的数据处理建模及算法，从原始数据中发现生产规律，使最终用户可以更加及时、快速、精准地了解农业的生产状况。

2. 专家系统

这个模块也可称为决策系统，是整个智慧农业系统中体现“智慧化”的关键模块。专家系统中主要保存用户制定的各种规则，例如，在智能大棚应用的专家系统中设置规则——某个大棚的土壤湿度小于阈值时，需要开启喷淋。专家系统中规则的制定需要由农业生产专家来完成，一旦设置成功，则系统将自动执行。专家系统中规则的设定对于农业生产至关重要，设置得好，则可以大大减轻用户对智慧农业的工作量；设置得不好，则会对农业生产产生负面影响。因此，专家系统中各种规则设置得正确与否，也是智慧农业成功的关键。此外，在专家系统中还可以对各种历史数据进行分析，并根据当前农业生产环境的变化，提前进行预测和分析，并配置相关的操作规则，更加体现精准化和智慧化的农业生产和经营。

3. 系统运营和管理

这个模块主要负责整个系统的维护和运营，包括系统的认证、安全、收费等通用的系统运营维护的功能，与其他系统维护功能类似。

智慧农业包括众多的具体应用，不同的应用在后台系统中侧重的功能也不同，有些应用需要特定的处理模块，在具体应用的系统设计中，应该根据具体需求进行相应的配置和部署。

五、用户终端及显示

用户终端及显示部分是用户与智慧农业业务之间的接口，是用户采用什么方式访问智慧农业的应用。目前用户访问互联网应用的硬件设备包括个人计算机、智能手机、平板电脑等，软件方式包括基于浏览器访问和基于客户端访问两种方式。在智慧农业的应用中，以当前技术发展状况及用户使用习惯而言，使用的具体方式如下。

基于个人计算机和上网本等个人电脑上的浏览器方式。由于个人电脑处理能力强、显示屏幕大，多采用有线方式和

WLAN等宽带技术上网，基于这种类型的硬件，通常采用浏览器访问业务的方式。用户可以直接在浏览器中输入智慧农业应用的网址，然后直接在网页中对智能农业系统中的信息进行查询，或者业务配置。

基于智能手机和平板电脑等终端的客户端方式。由于这些类型终端处理能力较低、网络资源价格相对较高、用户操作主要基于小键盘或者触摸屏，而且操作系统功能较简单，目前在这些终端上直接使用浏览器方式不能完全实现个人电脑浏览器方式的全部功能，而且为了节省网络资源，通常采用客户端的方式。这种方式需要在设备上安装独立的客户端软件，不同厂家的应用需要安装不同的客户端软件。

上述系统中的5个功能组件/模块是智慧农业系统中的基本核心模块，在具体业务系统的设计和实施时，根据客户需求和实际场景，可以添加、修改、删除其中的具体功能模块，满足客户和业务的需求。

第四节　智慧农业的核心技术

智慧农业的核心技术包括感知技术、传感器技术、无线网络技术、人工智能技术、云计算技术等。

一、感知技术

感知技术可理解成是在智慧农业中让物品“开口说话”的关键技术。智慧农业中，RFID技术是一种非接触式的自动识别对象并获取相关数据的技术。识别过程无须人工干预，可工作于各种恶劣环境。RFID技术可识别高速运动物体并可同时识别多个标签，操作快捷方便。RFID标签上存储着规范而具有互用性的信息，通过无线数据通信网络把它们自动采集到中央信息系统，实现全球范围内的物品跟踪与信息共享。

典型的RFID系统一般由RFID电子标签、读写器和信息处理系统组成。当带有电子标签的物品通过特定的信息读写器时，标签被读写器激活并通过无线电波将标签中携带的信息传送到读写器和信息处理系统，完成信息的自动采集工作。信息处理系统则根据需求承担相应的信息处理和控制工作。

物品编码是物品在信息网络中的身份标识。没有物品编码，网络中就没有“物”，因此，物品编码是智慧农业的基础。

物品编码体系的建立必须以物品编码标准化为前提，编码技术是描述数据特性的信息技术，为标识物品提供技术保障，标识技术是根据物品的特性来描述设备，它是编码的物理实现。例如，设备的编码和标识，信息的编码和标识等等。编码的目的就是为了要识别物品的特性，也就是说人们为了能够分清不同的物品及其特性，需要赋予物品唯一的编号，但是在编号的同时，也要求各部门采用同样的编码规则，这样做的目的就是为了使大多数物品有统一的编码规则，从而使物品的编码有唯一性。为了能够识别物品，编码的唯一性是非常重要的。

标识技术是为了能够达到标识目的的技术，是指通过不同的载体去表现条码信息，就是说用什么方式去将信息写入设备。我们通常所说的对物品信息的载体主要有一维/二维条码、射频识别技术（RFID）等。标识存在于我们的生活中，当然在智慧农业中也存在标识，通过对物品的标识能够使我们清楚物品的各种信息。这一点对于信息的采集是非常重要的，如果没有对物品的标识，就没有办法对物品信息进行采集，这样使得在物联网末端的信息采集没有办法进行，那物联网“物物相连”最终目标就没有办法达成。

二、传感器技术

传感技术是从自然信源获取信息，并对之进行处理、变换和识别的一门多学科交叉的现代科学与工程技术，它涉及传感器、信息处理和识别的规划设计、开发、制造、测试、应用及评价改进等活动。

在智慧农业中，传感技术主要负责接收物品“讲话”的内容。传感器负责物联网信息的采集，是实现对现实世界感知的基础，是物联网服务和应用的基础。

传感器种类及品种繁多，原理也多种多样。根据被测量的性质，可分为物理传感器、化学传感器和生物传感器三大类；还可按用途、材料、输出信号类型、制造工艺等方式进行分类。随着技术的不断进步，传感器的类型不断产生；传感器的应用范围不断扩大，涉及工业生产自动化、国防现代化、航空航天、能源、环境保护、生物科学等领域。随着纳米技术和微机电（MEM）系统技术的应用，传感器的尺寸减小、精度提高，大大拓展了其应用范围。

智慧农业中的传感器节点通常由数据采集、数据处理、数据传输和电源构成。节点具有感知能力、计算能力和通信能力，也就是在传统传感器基础上，增加了协同、计算、通信功能。近年来，随着生物科学、信息科学和材料科学的发展，传感器技术有向微型化、多功能化、智能化和网络化方向发展的趋势。

一个典型的传感器网络结构通常由传感器节点、接收发送器（Sink）、Internet或通信卫星、任务管理节点等部分构成。传感器节点散布在指定的感知区域内，实时感知、采集和处理网络覆盖区域中的信息，并通过“多跳”网络把数据传送至接收发送器，接收发送器也可以用同样的方式将信息发送给各节点。接收发送器直接与Internet或通信卫星相连，通过Internet或通信卫星实现任务管理节点与传感器之间的通信。在节点损坏失效等问题出现的情况下，系统能够自动调整，从而确保整个系统的通信正常。

三、无线网络技术

智慧农业中，物品与人的无障碍交流，必然离不开高速、可进行大批量数据传输的无线网络。无线网络既包括允许用户建立远距离无线连接的全球语音和数据网络，也包括为近距离通信所提供的蓝牙技术和红外技术。

在近距离通信方面，以IEEE 802.15.4为代表的近距离通信技术是目前的主流技术，802.15.4规范是IEEE制定的关于低速近距离通信的物理层和媒体介入控制层规范，工作在工业科学医疗（ISM）频段，免许可证的2.4GHz ISM频段全世界都可通用。在广域网络通信方面，IP互联网、4G/5G移动通信、卫星通信技术等实现了信息的远程传输，特别是以IPv6为核心的下一代互联网的发展，将为每个传感器分配IP地址，也为传感网的发展创造了良好的条件。传感网络相关通信技术，常见的有蓝牙、IrDA、Wi-Fi.ZigBee、RFID、UWB、NFC、WirelessHart等。

四、人工智能技术

人工智能是研究使计算机来模拟人的某些思维过程和智能行为（如学习、推理、思考、规划等）的技术。在智慧农业中，人工智能技术主要负责将物品“讲话”的内容进行分析，从而实现计算机自动处理。

五、云计算技术

现有网络主要还是信息通道的作用，对信息本身的分析处理并不多，目前各种专业应用系统的后台数据处理也是比较单一的。智慧农业中的信息种类、数量都将成倍增加，其需要分析的数据量成几何增加，同时，还涉及多个系统工程之间的各种信息数据的融合问题，如何从海量数据中挖掘信息等，这些问题给数据计算带来了巨大的挑战。

智慧农业的发展离不开云计算技术的支持。智慧农业中的终端的计算和存储能力有限，云计算平台可以作为智慧农业的“大脑”，实现对海量数据的存储、计算。

从服务角度上：云计算是一种全新的网络服务模式，将传统的以桌面为核心的任务处理转变为以网络为核心的任务处理，利用互联网实现自己想完成的一切处理任务，使网络成为传递服务、计算力和信息的综合媒介，真正实现按需计算、网络协作。

从技术角度：云计算是对并行计算（parallel computing）、分布式计算（distributed computing）和网络计算（grid computing）的发展或商业实现。

云计算是一个美好的网络应用模式，由Google首先提出。云计算最基本的概念是通过网络将庞大的计算处理程序自动分拆成无数个较小的子程序，再交由多个服务器所组成的庞大系统经搜寻、计算分析之后将处理结果回传给用户。通过云计算技术，网络服务提供者可以在数秒之内，形成处理数以千万计甚至数以亿计的数据，达到与超级计算机具有同样强大效能的网络服务。

人类通过各种信息感应、探测、识别、定位、跟踪和监控等手段和设备实现对物理世界的“感、知、控”，这一环节称为智慧农业的“前端”；而基于互联网计算的涌现智能以及对物理世界的反馈和控制称为智慧农业的“后端”。当下无论学术界还是工业界，目光普遍聚焦在智慧农业的“前端”，但智慧农业的“后端”也同样重要。从“后端”看，智慧农业可以看做是一个基于互联网的、以提高物理世界的运行、管理、资源使用效率等水平为目标的大规模信息系统。该系统具备实时感应、高度并发、自主协同和涌现效应等特征。

智慧农业的发展需要“软件即服务”“平台即服务”及按需计算等云计算模式的支撑。可以说，云计算是智慧农业应用发展的基石。其原因有两个：一是云计算具有超强的数据处理和存储能力；二是由于智慧农业无处不在的数据采集，需要大范围的支撑平台以满足其规模需求。云计算以如下几种方式支撑智慧农业的应用发展。

1. 单中心、多终端应用模式

在单中心、多终端应用模式中，分布范围较小的各物联网终端（传感器、摄像头或5G手机等），把云中心或部分云中心作为数据/处理中心，终端所获得的信息和数据统一由云中心处理和存储，云中心提供统一界面给使用者操作或者查看。单中心、多终端应用目前已比较成熟，如小区及家庭的监

控、对某一高速路段的监测、某些公共设施的保护等。这类应用模式的云中心可提供海量存储和统一界面、分级管理等服务，这类云计算中心一般以私有云居多。

2. 多中心、多终端应用模式

多中心、多终端应用模式主要用于区域跨度较大的企业和单位。例如，一个跨多地区或者多国家的企业，因其分公司或分厂较多，要对其各公司或工厂的生产流程进行监控、对相关的产品进行质量跟踪等。当有些数据或者信息需要及时甚至实时地给各个终端用户共享时，也可采取这种模式。例如，假若某气象预测中心探测到某地30分钟后将发生重大气象灾害，只需通过以云计算为支撑的物联网途径，用几十秒的时间就能将预报信息发出。这种应用模式的前提是云计算中心必须包含公共云和私有云，并且它们之间的互联没有障碍。

3. 信息与应用分层处理、海量终端的应用模式

这种应用模式主要是针对用户范围广，信息及数据种类多，安全性要求高等特征来实现的智慧农业。根据应用模式和具体场景，对各种信息、数据进行分类、分层处理，然后选择相关的途径提供给相应的终端。例如，对需要大数据量传送，但是安全性要求不高的数据，如视频数据、游戏数据等，可以采取本地云中心处理或存储的方式；对于计算要求高，数据量不大的，可以放在专门负责高端运算的云中心；而对于数据安全要求非常高的信息和数据，则可以由具有灾备中心的云中心处理。

实现云计算的关键技术是虚拟化技术。通过虚拟化技术，单个服务器可以支持多个虚拟机，运行多个操作系统，从

而提高服务器的利用率。虚拟机技术的核心是虚拟机监控程序（Hypervisor）。Hypervisor在虚拟机和底层硬件之间建立一个抽象层，它可以拦截操作系统对硬件的调用，为驻留在其上的操作系统提供虚拟的CPU和内存。

云计算为众多用户提供了一种新的高效率计算模式，兼有互联网服务的便利、廉价和大型机的能力。它的目的是将资源集中于互联网上的数据中心，由这种云中心提供应用层、平台层和基础设施层的集中服务，以解决传统IT系统零散性带来的低效率问题。云计算是信息化发展进程中的一个阶段，强调信息资源的聚集、优化、动态分配和回收，旨在节约信息化成本、降低能耗、减轻用户信息化的负担，提高数据中心的效率。云计算出现的初衷是解决特定大规模数据处理问题，因此，它被业界认为是支撑智慧农业“后端”的最佳选择，云计算为智慧农业提供后端处理能力与应用平台。目前，国外已经有多个云计算的科学研究项目，比较有名的是Scientific Cloud和Open Nebula项目。产业界也在投入巨资部署各自的云计算系统，参与者主要有Google、Amazon、IBM、Microsoft等。国内关于云计算的研究也已起步，并在计算机系统虚拟化基础理论与方法研究方面取得了阶段性成果。

第二章
精准农业生产系统

第一节 农田小气象

一、农田小气象概述

农田小气象监测系统主要用于对风速、风向、雨量、空气温度、空气湿度、光照度、太阳辐射等10多个要素进行全天候现场监测。可以通过专业配套的数据采集通讯线与计算机进行连接，将数据传输到计算机数据库中，用于统计分析和处理。

农田小气象信息监测系统，需要采集设备能够很长时间对目标环境进行影响很小的工作。传感器网络节点体积小且只需要部署1次就可以不间断地搜集高精度的环境数据。传感器网络节点可以将大量监测到的环境数据发送到数据中心进行分析处理，将结果直观地提供给终端用户，便于管理人员掌握农作物的生长环境状态，及时进行调整，使农作物长久生长在适宜的环境，增加农作物的产量，提高农作物的质量。

二、农田小气象系统

1. 风速风向监测系统

风是农作物生长发育所必需的因素，它直接影响着农作物的发育与生长。风有利于作物的蒸腾，使根部能正常吸收水分和养分，有利于有机物质合成与运输，调节农作物过高的热量。风还能帮助农作物授粉，提高结实率。小麦、水稻、高粱等作物的花形不大，色不艳，香不浓，蜜蜂很少光顾，主要靠风的帮助，才能顺利地传播花粉。风对作物的光合作用有明显的影响。在宁静无风的晴天，农作物往往会因二氧化碳供应不足影响光合作物的正常进行。要想使农作物保持充足的二氧化碳供给，就要依靠风的作用，使空气乱流交换而补给。

适当的风能使作物增产，而过大的风不利于作物生长。17.0米/秒的大风，可使农作物受到机械损伤或倒伏，刮烂叶片，造成落花、落果、落粒，严重影响生长和产量。大风还使地表蒸发和农作物蒸腾加剧，引起作物生理缺水，从而加大干旱的危害。冬季强烈的寒潮大风，会加重农作物的冻害程度。农作物开花期的大风，会将沙尘粘在花蕊的柱头上，使柱头变干，不能正常授粉、受精，降低坐果率。因此，正确监测风速和风向对于保障植物成长具有重要意义。

风向是指风的来向，以度（°）为单位。风速是指单位时间内空气移动的水平距离，以米/秒（m/s）为单位。图2-1为简单的风速风向传感器。

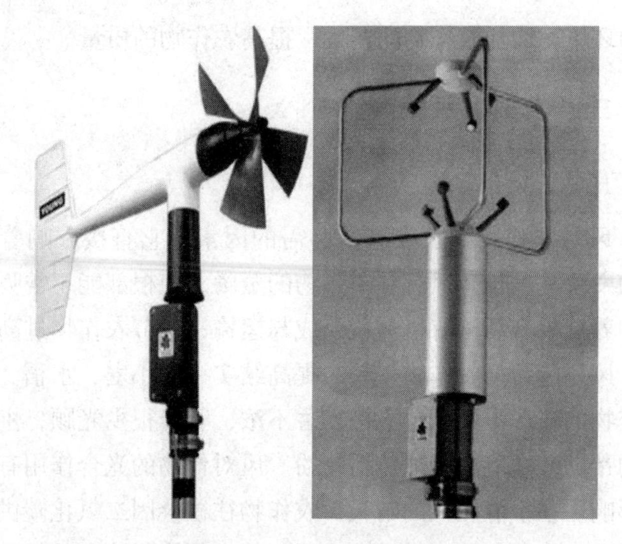

图2-1　风速风向传感器

2. 雨量监测系统

降水量是影响农作物生长的重要环境因素之一。降水量过少，土壤缺乏水分，会导致粮食生产潜力整体减少，例如，在开花、授粉和灌浆阶段的水分短缺会造成玉米、大豆、小麦和高粱的减产。降水量的变化还会对河流的水流以及灌溉用水产生影响。干旱、暴风雨和洪水等极端天气现象的发生频率及强度的增加会导致对农作物的破坏以及土地退化。

按气象学上讲，所谓雨量，就是在一定时段内，降落到水平面上（无渗漏、蒸发、流失等）的雨水深度。以毫米为单位。据计算，1毫米雨量等于1亩[①]田增加667千克水，即相当于浇了13担水。农业灌溉时，遥测农业降雨量气象参数具有重

① 1亩≈667平方米，全书同。

要意义。为此，需要在田里或者果园里装上专用的降雨量传感器，如图2-2所示。

图2-2　各种类型雨量监测仪

3. 空气温湿度监测系统

温湿度是影响农作物生长的重要环境因素之一。在适宜的湿度范围内，作物生长发育良好；湿度过低，土壤干旱，植株易失水萎蔫；湿度过高，作物易旺长，并易诱发病害。湿度因素在农业大棚中表现得尤为重要。农业大棚一般处于封闭的状态，室内空气湿度一般可比室外露地条件下高20%以上，特别是灌水以后，如不注意通风排湿，往往连续3～5天，室内空气湿度都在95%以上，极易诱发真菌、细菌等菌类病害，并且易迅速蔓延，造成重大损失。另外，蔬菜生长发育及维持生命都要求一定的温度范围，在适宜温度下，作物不仅生命活动旺盛，而且生长发育迅速。温度过低或过高都会影响作物的正常生长，甚至植株生命也不能维持以至于死亡。不一样的作物其生长发育的适宜温度及其范围各不相同。例如，黄瓜、番茄、茄子等喜温性蔬菜，适宜温度为白天18～28℃、夜间15～18℃，如果超过40℃或低于15℃，不能正常开花结果。

空气温度是指空气的冷热程度，一般而言，距地面越近气温越高，距地面越远气温越低。空气湿度是指空气中水汽含量的多少或空气干湿的程度。衡量空气湿度，主要有以下几种方法。

第一，绝对湿度。绝对湿度是指单位容积的空气里实际所含的水汽量，一般以克为单位。温度对绝对湿度有着直接影响，一般情况下，温度越高，水汽蒸发得越多，绝对湿度就越大，相反，绝对湿度就小。

第二，饱和湿度。饱和湿度是表示在一定温度下，单位容积空气中所能容纳的水汽量的最大限度。如果超过这个限度，多余的水蒸气就会凝结，变成水滴。空气的饱湿度不是固定不变的，它随着温度的变化而变化，温度越高，单位容积空气中能容纳的水蒸气就越多，饱和湿度也就越大。

第三，相对湿度。相对湿度是指空气中实际含有的水蒸气量（绝对湿度）距离饱和状态（饱和湿度）程度的百分比。公式为：相对湿度=绝对湿度/饱和湿度×100%，相对湿度越大，表示空气越潮湿；相对湿度越小，表示空气越干燥。

第四，露点温度。露点温度是指水蒸气开始液化成水时的温度，简称“露点”。

监测空气温湿度的仪器主要是温湿度监测仪，如图2-3所示。

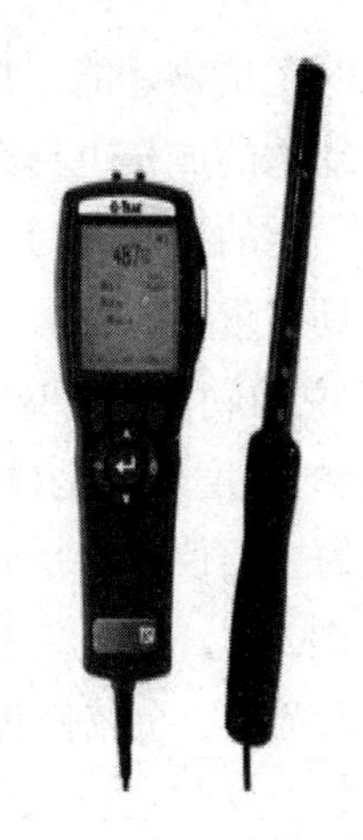

图2-3 温湿度检测仪

4. 光照度监测系统

光照强度是阳光在物体表面的强度，正常人的视力对可见光的平均感觉。光照强度的大小，决定于可见光的强弱。在自然条件下，由于天气状况，季节变化和植株度的不同，光照强度有很大的变化。阴天光照强度小，晴天则大。一天中，早晚的光照强度小，中午则大。一年中，冬季的光照强度小，夏季则大。植株密度大时光照强度小，植株密度小时光照强度大。

光照强度对植物的生长发育影响很大，它直接影响植物光合作用的强弱。在一定光照强度范围内，在其他条件满足的情况下，随着光照强度的增加，光合作用的强度也相应地增加。但光照强度超过光的饱和点时，光照强度再增加，光合作用强度不增加。光照强度过强时，会破坏原生质，引起叶绿素分解，或者使细胞失水过多而使气孔关闭，造成光合作用减弱，甚至停止。光照强度弱时，植物光合作用制造有机物质比呼吸作用消耗的还少，植物就会停止生长。只有当光照强度能够满足光合作用的要求时，植物才能正常生长发育。此外，合理的光照强度和时间对动物的成长也具有重要影响，蛋鸡在产蛋期里每天必须要达到一定的光照时间。因此，有效监测光照强度对保障动植物生长具有重要意义。

光照度，即通常所说的勒克司（lx），1流明的光通量均匀分布在1平方米面积上的照度，就是1勒克司。照度计是用于测量被照面上的光照度的主要仪器，是光照度测量中用得最多的仪器之一。照度计（图2-4）由光度头（又称受光探头，包括接收器、V（λ）对滤光器、余弦修正器）和读数显示器两部分组成。

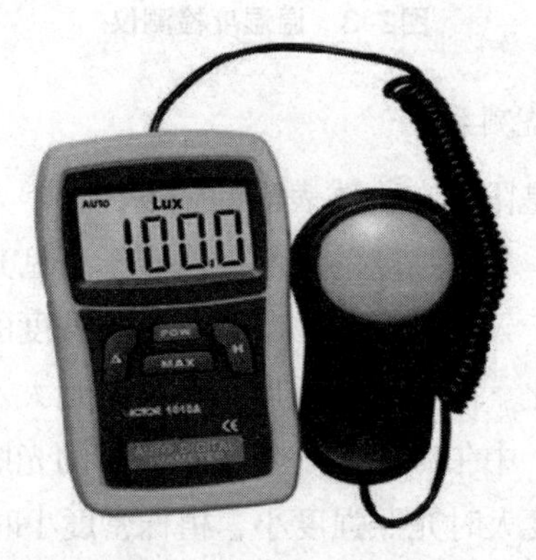

图2-4　数字照度计

5. 太阳辐射监测系统

太阳辐射给地球带来了光和热，如果没有太阳辐射，地球上就不可能有生命。众所周知，太阳辐射在植物生活中是起着巨大作用的。不仅太阳辐射热能可以影响植物有机体的生命活动和基本生活机能，而且太阳辐射对植物制造有机物质，对生产作物的增产和增质起着重大作用。

不同波长的光谱，对于植物有着不同的作用。在可见光谱的照射下，绿色植物进行光合作用，制造有机物质。绿色植物叶绿素吸收最多的是红橙光，其次是蓝紫光，而对黄绿光吸收的最少。紫外线和红外线在植物光合作用中不能被直接利用，但是它们对于植物生活仍起着重要的作用。长紫外线对植物的生长有刺激作用，可以增加作物产量，促进蛋白质、糖、酸类的合成。用长紫外线照射种子，可以提高种子的发芽率。短紫外线对植物的生长有抑制作用，可以防止植物徒长，有消毒杀菌作用，可以减少植物病害。远红外线产生热效应，供给作物生长发育的热量，在红外线的照射下，可使果实的成熟趋于一致。因此，有效地监测大阳光辐射对保障植物生长具有重要意义。

辐射是指太阳、地球和大气辐射的总称。通常称太阳辐射为短波辐射，地球和大气辐射为长波辐射。观测的物理量主要是辐射能流率，或称辐射通量密度或辐射强度，标准单位瓦/平方米。气象上常测定以下6种辐射量：太阳直接辐射指来自日盘0.5°立体角内与该立体角轴垂直的面的太阳辐射；太阳散射辐射指地平面上收到的来自天穹2π立体角向下的大气等的散射和反射太阳辐射；太阳总辐射指地平面接收的太阳直接辐射和散射辐射之和；反射太阳辐射指地面反射的太阳总辐射；地球辐射指由地球（包括大气）放射的辐射；净辐射指向下和向上（太阳和地球）辐射之差。

测量太阳辐射的仪器主要有直接日射表和净辐射表两种。直接日射表是测定太阳直接辐射的常规仪器（图2-5）。进光筒对感应面的视张角为10°，感应面是一块涂黑的锰铜片，它的背面紧贴热电堆正极，负极接在遮光筒内壁，热电堆的电动势正比于太阳辐射。用于遥测的直接日射表将进光筒安装在“赤道架”上，借助电机和齿轮减速器，带动日射表进光筒准确地自动跟踪太阳。净辐射表用于测量地表面吸收和支出辐射之差（图2-6）。仪器有上下两片感应面，由绝热材料将其隔开，并分别罩上聚乙烯防风薄膜。向上和向下感应面分别感应地面对辐射的收入和支出，热电堆测量它们的温差，净辐射强度正比于温差电动势。

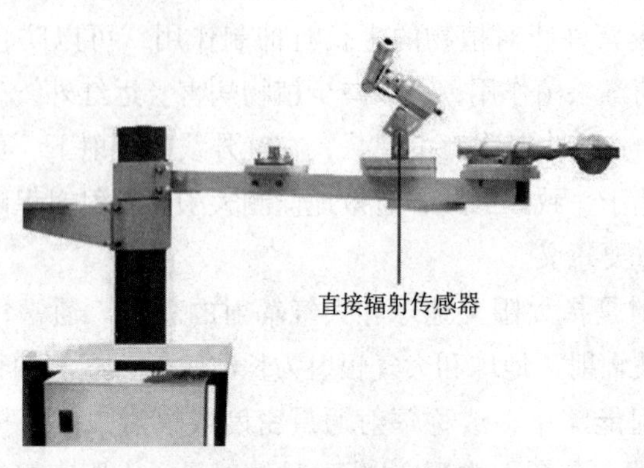

图2-5　直接辐射传感器

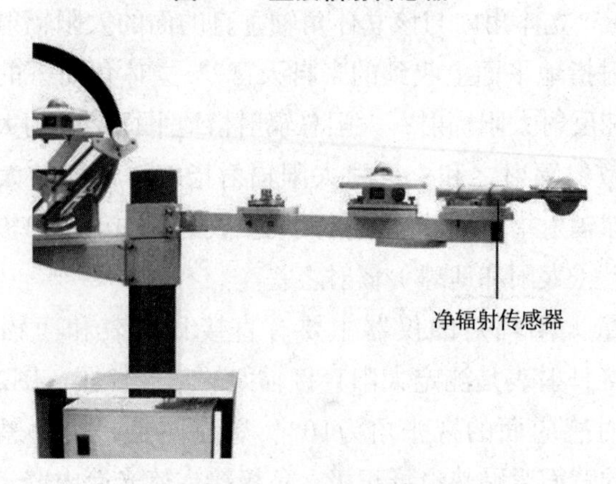

图2-6　净辐射传感器

三、农田小气象应用案例

2015年，甘肃省平凉市崇信县农业技术推广中心在锦屏镇于家湾村试验田安装了农田小型气象站，通过对农田环境的精准检测，帮助农民增收。

农田小型气象站是对多种农业环境进行实时监测的仪器，能测量到10～50厘米深度的土壤温度、20～60厘米深度的土壤相对湿度、光照强度、风速风向及降雨量等农业环境参数，可以对农业综合生态信息实行自动监控、实时监测，并可通过GPRS网络实现对设备的远程控制。于家湾村的小型气象站，不仅能为农技推广人员指导农民科学种田提供更有力的数据保障，而且进一步推动了农业发展向现代化迈进的步伐。

（来源：每日甘肃网，2015-6-23）

第二节　智慧设施农业

一、智慧设施农业概述

智慧设施农业是在环境相对可控的条件下，采用物联网技术，进行动植物高效生产的一种现代农业方式。设施农业物联网由传感设备、传输设备和服务管理平台共同组成。通过传感设备实时采集温室内的空气温度、湿度、二氧化碳浓度、光照度、土壤水分、土壤温湿度等数据，将数据通过电信运营商的无线通信网络传送到服务管理平台。服务管理平台对温室内的实时环境参数进行分析处理，并根据获取的各种环境参数自动控制温室内的风机、遮阳帘、水阀等机电设备，使农作物处于最适宜的生长环境，同时，根据农业专家系统高效科学地进行施肥、灌溉、喷药等作业，显著减轻设施作业人员的劳动强度，显著提高劳动生产率，节约生产成本，提高产量。

二、智慧设施农业系统

1. 温室环境智能监测系统

设施农业物联网的应用一般对温室生产的7个指标进行监测，即通过无线传感器节点（安装了土壤、气象、光照等传感器的无线终端），实现对温室的温、水、肥、电、热、气、光等环境信息以及作物长势情况实时监测，并通过无线网络远程传送到用户服务管理平台，由服务管理平台对所采集的信息进行分析和处理。各功能传感器节点可根据种类、种植面积的不同，进行相关数量和部署位置的调整。

2. 温室环境自动控制系统

温室环境自动控制就是依据温室内外安装的温湿度传感器、光照度传感器、二氧化碳传感器、室外气象站等采集或观测的信息，通过控制器控制驱动/执行机构（如风机、滴灌设备、遮阳设备、补光灯等），对温室内的环境参数（如温湿度、光照度、二氧化碳浓度等）以及灌溉施肥进行调节控制，以达到栽培作物的生长发育的需求。完整的控制系统包括控制器（包括控制软件）、传感器和执行机构。而控制单元由测控模块、电磁阀、配电控制柜及安装附件组成，通过GPRS模块与管理监控中心连接，实现自动控制和调节。在具体安装时，温室内一般需要安装和配备以下设备：土壤水分传感器、土壤温湿度传感器、空气温湿度传感器、无线测量终端和摄像头，通过无线终端，可以实时远程监控温室环境和作物长势情况。在连栋温室内安装一套视频监控装置，通过4G或宽带技术，可实时动态展现自动控制效果。并且该测控系统可以通过中继网关和远程服务器双向通信，服务器也可以做进一步决策分析，并对所部署的灌溉等装备进行远程管理控制。

3. 远程查询系统

农户使用手机或电脑登录系统后，可以实时查询温室内的各项环境参数、历史温湿度曲线、历史机电设备操作记录、历史照片等信息；登录系统后，还可以查询当地的农业政策、市场行情、供求信息、专家通告等，实现有针对性的综合信息服务。

4. 自动报警系统

在控制软件中预先设定适合条件的上限值和下限值，设定值可根据农作物种类、生长周期和季节的变化进行修改。某个数据超出限值时，系统立即将警告信息发送给相应的农户，提示农户及时采取措施。

三、智慧设施农业应用案例

青海省西宁塘川镇有大片区域都是农业温室大棚，但多年来一直采用传统的种植方式，带来的直接结果就是农作物的产量不高，随着物联网技术的出现，当地领导也意识到管理方式必须革新才能改变现状，所以，他们启动了向农业物联网改造的大举措。

农业物联网，一般是指将大量的传感器节点构成监控网络，通过各种传感器采集信息，帮助种植者及时发现问题、解决问题，使农业更加自动化、智能化并使种植者实现远程控制的生产技术。农业物联网技术的推广和普及，将加速传统农业的改造升级，同时，为种植者带来巨大的经济效益。农业物联网应用到现代农业中是大势所趋，随着技术的不断进步，未来的前景不可估量，农业给物联网发展提供了前所未有的机会。农业物联网的普及到推广，从政府项目一直做到经济项目，作为先驱者，昆仑海岸切实做到了让广大种植户获得更多经济效益。

土壤的EC值、照度、风速、空气当中的温湿度都极大地影响着农作物的生长，利用农业物联网采集系统中的传感器可以将这些数据进行实时采集，再通过云端平台进行远程监测，以确保生产的流程做到可追溯。

远程自动控制功能还可对风机、外遮阳卷帘、内遮阴卷帘、补光灯、水帘、天窗等设备可进行手动开关、定时开关，并可以按照工作人员设置的某项参数情况自动开关。

通过智能化的改造，可以实现农业大棚自动灌溉，自动打开关闭遮阳棚，科学化的管理，依靠无线通信技术、传感技术将蔬菜大棚与数据世界相融合，可远程监测和控制蔬菜大棚的正常运行。利用农业物联网技术，使滴灌技术更加科学合理，可大量节省水肥，提高土地使用效率，并使农作物始终处在最佳的生长环境，从而提高农作物品质。

（来源：http://www.klhawx.cn/case/case47.html）

第三节　智慧大田种植

一、智慧大田种植概述

智慧大田种植是现代信息技术及物联网技术在产前农田资源管理，产中农情监测和精准农业作业中应用的过程。其主要包括以土地利用现状数据库为基础，应用3S技术快速准确掌握基本农田利用现状及变化情况的基本农田保护管理信息系统；自动检测农作物需水量，对灌溉的时间和水量进行控制，智能利用水资源的农田智能灌溉系统；实时观测土壤墒情，进行预测预警和远程控制，为大田农作物生长提供合适水环境的土壤墒情监测系统；采用测土配方技术，结合3S技术和专家系统技术，根据作物需肥规律、土壤供肥性能和肥料效应，测算肥料的施用数量、施肥时期和施用方法的测土配方施肥系统；采集、传输、分析和处理农田各类气象因子，远程控制和调节农田小气候的农田气象监测系统等。

二、智慧大田种植系统

1. 墒情监控系统

墒情监控系统建设主要含三大部分。一是建设墒情综合监测系统，建设大田墒情综合监测站，利用传感技术实时观测土壤水分、温度、地下水位、地下水质、作物长势、农田气象信息，并汇聚到信息服务中心，信息中心对各种信息进行分析处理，提供预测预警信息服务；二是灌溉控制系统，主要是利用智能控制技术，结合墒情监测的信息，对灌溉机井、渠系闸门等设备的远程控制和用水量的计量，提高灌溉自动化水平；三是构建大田种植墒情和用水管理信息服务系统，为大田农作物生长提供合适的水环境，在保障粮食产量的前提下节约水资源。系统包括智能感知平台、无线传输平台、运维管理平台和应用平台。

墒情监控系统针对农业大田种植分布广、监测点多、布线和供电困难等特点，利用物联网技术，采用高精度土壤温湿度传感器和智能气象站，远程在线采集土壤墒情、气象信息，实现墒情（旱情）自动预报、灌溉用水量智能决策、远程/自动控制灌溉设备等功能。该系统根据不同地域的土壤类型、灌溉水源、灌溉方式、种植作物等划分不同类型区，在不同类型区内选择代表性的地块，建设具有土壤含水量，地下水位，降水量等信息自动采集、传输功能的监测点。

通过灌溉预报软件结合信息实时监测系统，获得作物最佳灌溉时间、灌溉水量及需采取的节水措施为主要内容的灌溉预报结果，定期向群众发布，科学指导农民实时实量灌溉，达到节水目的。

该设备可实现对灌区管道输配水压力、流量均衡及调节技术，实现灌区管道输配水关键调控设备（设施），并完成监测。

2. 农田环境监测系统

农田环境监测系统主要实现土壤、微气象和水质等信息自动监测和远程传输。其中，农田生态环境传感器符合大田种植业专业传感器标准，信息传输依据大田种植业物联网传输标准，根据监测参数的集中程度，可以分别建设单一功能的农田墒情监测标准站、农田小气候监测站和水文水质监测标准站，也可以建设规格更高的农田生态环境综合监测站，同时采集土壤、气象和水质参数。监测站采用低功耗、一体化设计，利用太阳能供电，具有良好的农田环境耐受性和一定防盗性。

基于大田种植物联网中心基础平台，遵循物联网服务标准，开发专业农田生态环境监测应用软件，给种植户、农机服务人员、灌溉调度人员和政府领导等不同用户，提供互联网和移动互联网的访问和交互方式。实现天气预报式的农田环境信息预报服务和环境在线监管与评价。

3. 施肥管理测土配方系统

施肥管理测土配方系统是指建立在测土配方技术的基础上，以3S技术（RS、GIS、GPS）和专家系统技术为核心，以土壤测试和肥料田间试验为基础，根据作物需肥规律、土壤供肥性能和肥料效应，在合理施用有机肥料的基础上，提出氮、磷、钾及中、微量元素等肥料的施用数量、施肥时期和施用方法的系统。测土配方系统的成果主要应用于耕地地力评价和施肥管理两个方面。

（1）地力评价与农田养分管理。地力评价与农田养分管理是利用测土配方施肥项目的成果对土壤的肥力进行评估，利用地理信息系统平台和耕地资源基础数据库，应用耕地地力指数模型，建立县域耕地地力评价系统，为不同尺度的耕地资源管理、农业结构调整、养分资源综合管理和测土配方施肥指导服务。

（2）施肥推荐系统。施肥推荐系统是测土配方的目的，借助地理信息系统平台，利用建立的数据库与施肥模型库，建立配方施肥决策系统，为科学施肥提供决策依据。

地理信息系统与决策支持系统的结合，形成空间决策支持系统，解决了传统的配方施肥决策系统的空间决策问题，以及可视化问题。目前GIS与虚拟现实技术（虚拟地理环境）的结合，提高了GIS图形显示的真实感和对图形的可操作性，进一步推进了测土配方施肥的应用。

利用信息技术开发计算机推荐施肥系统、农田监测系统被证明是推广农田种植信息化的有效技术措施。根据以往研究的经验，应着重系统属性数据库管理的标准化研究，建立数据库规范与标准。加强农业信息的可视化管理，以此来实现任意区域信息技术的推广应用。

4. 精细作业系统

精准作业系统主要包括变量施肥播种系统、变量施药系统、变量收获系统、变量灌溉系统。

自动变量施肥播种系统就是按土壤养分分布配方施肥，保证变量施肥机在作业过程中根据田间的给定作业处方图，实时完成施肥和播种量的调整功能，提高动态作业的可靠性以及田间作业的自动化水平。采用基于调节排肥和排种口开度的控制方法，结合机、电、液联合控制技术进行变量施肥与播种。

基于杂草自动识别技术的变量施药系统利用光反射传感器辨别土壤、作物和杂草。利用反射光波的差别，鉴别缺乏营养或感染病虫害的作物叶子进而实施变量作业。一种是利用杂草检测传感器，随时采集田间杂草信息，通过变量喷洒设备的控制系统，控制除草剂的喷施量；另一种是事先用杂草传感器绘制出田间杂草斑块分布图，然后综合处理方案，绘出杂草斑块处理电子地图，由电子地图输出处方，通过变量喷药机械实施。

变量收获系统利用传统联合收割机的粮食传输特点，采用螺旋推进称重式装置组成联合收割机产量流量传感计量方法，实时测量田间粮食产量分布信息，绘制粮食产量分布图，统计收获粮食总产量。基于地理信息系统支持的联合收割机粮食产量分布管理软件，可实时在地图上绘制产量图和联合收割机运行轨迹图。

变量精准灌溉系统根据农作物需水情况，通过管道系统和安装在末级管道上的灌水装置（包括喷头、滴头、微喷头等），将水及作物生长所需的养分以适合的流量均匀、准确地直接输送到作物根部附近土壤表面和土层中，以实现科学节水的灌溉方法。将灌溉节水技术、农作物栽培技术及节水灌溉工程的运行管理技术有机结合，通过计算机通用化和模块化的设计程序，构筑供水流量、压力、土壤水分。作物生长信息、气象资料的自动监测控制系统能够进行水、土环境因子的模拟优化，实现灌溉节水、作物生理、土壤湿度等技术控制指标的逼近控制，将自动控制与灌溉系统有机结合起来，使灌溉系统在无人干预的情况下自动进行灌溉控制。

三、智慧大田种植应用案例

近年来，国家高度重视节水农业工作，大力推广水肥一体化技术。2012年开始实施东北4省区“节水增粮”行动，投资380亿元推广喷滴灌水肥一体化技术3 800万亩。2014年又启动华北地下水超采区综合治理试点，将水肥一体化列为骨干技术，在河北省进行大面积推广。据专家估计，华北地区适宜应用各种模式水肥一体化技术的面积超过2亿亩，如果加以推广普及，一年两季平均亩节水110立方米，每年可节水200亿立方米。亩节肥15千克（折纯），每年可节肥300万吨（折纯）。

“老百姓最关心的是省工。”河北省土肥站站长说，现在雇人浇地1小时30元，如果一天挣不到200元都雇不到人。藁城金喜种植专业合作社负责人韩金奎告诉记者，他们1 000亩实施水肥一体化的麦地，每亩节肥1/3、节水40%、省电30%、因取消畦埂增地10%，尤其能省工60%。赵县西湘洋村63岁的周荣起负责看井，他每天只要下地1～2小时，“10分钟开关一次阀门，其余时间回家喝茶”。

水肥一体化最核心的就是把肥料溶解在水中，灌溉和施肥同时进行。水肥一体化同样还离不开水溶肥料的发展，高祥照告诉记者，前些年水溶肥料主要是进口的高端产品，质量虽好但价格昂贵，大田粮食生产根本用不起。近几年国内水溶肥料发展迅速，出现了成都新朝阳、深圳芭田、新都化工、鲁西化工、山东金正大等一大批水溶肥料生产企业，品种丰富，价廉物美，对水肥一体化实现本地化、走进大田提供了有力支撑。随着我国对化肥施用量的控制更加严格，随着水肥一体化技术的不断普及及相关标准和登记制度的完善和简化，液态水基肥会迎来快速发展的机会。水基肥将逐步成为我国现代农业生产的主流肥料。

（来源：http://www.sohu.com/a/23823358_117691）

第四节　智慧果园种植

一、智慧果园种植概述

智慧果园种植是采用先进传感技术、果园信息智能处理技术和无线网络数据传输技术，通过对果园种植环境信息的测量、传输和处理，实现对果园种植环境信息的实时在线监测和智能控制。这种果园种植的现代化发展，大大减轻了果园管理人员的劳动强度，而且可以实现果园种植的高产、优质、健康和生态。

二、智慧果园种植系统

1. 果园环境监测系统

果园环境监测系统主要实现土壤、温度、气象和水质等信息自动测量和远程通信。监测站采用低功耗、一体化设计，利用太阳能供电，具有良好的果园环境适应能力。果园农业物联网中心基础平台上，遵循物联网服务标准，开发专业果园生态环境监测应用软件，给果园管理人员、农机服务人员、灌溉调度人员和政府领导等不同用户，提供天气预报式的果园环境信息预报服务和环境在线监管与评价服务。

果园环境数据采集主要包含2个部分：视频信息的数据采集和环境因子的数据采集。主要构成部分有气象数据采集系统，土壤墒情检测系统，视频监控系统和数据传输系统。可以实现果园环境信息的远程监测和远距离数据传输。

土壤墒情监测系统主要包括土壤水分传感器、土壤温度传感器等，是用来采集土壤信息的传感器系统。气象信息采集系统包括光照强度传感器、降水量传感器、风速传感器和空气湿度传感器，主要用于采集各种气象因子信息。视频监控系统是利用摄像头或者红外传感器来监控果园的实时发展状况。

数据传输系统主要由无线传感器网络和远程数据传输两个模块构成，该系统的无线传感网络覆盖整个果园面积，把分散数据汇集到一起，并利用GPRS网络将收集到的数据传输到

数据库。

2. 果园土壤水分和养分检测系统

果园土壤的水分和养分的好坏直接关系到果园生产能力的大小，因此，必须要建立果园水分和养分的检测系统。我们将物联网技术应用于果园土壤水分和养分含量的检测，辅以土壤情况作出的实施专家决策，就可以用以指导果树的实际种植生产过程。

根据物联网分层的设计思想，同样应用于果园土壤水分与养分的检测中，即包括感知层、网络传输层、信息处理与服务层和应用层。

感知层的主要作用是采集果园土壤水分和温度、空气温度和湿度及土壤养分的信息。网络传输层主要包含果园现场无线传感器网络和连接互联网的数据传输设备。其中，数据传输设备又分为短距离无线通信部分和远距离无线通信部分。果园内的短距离数据传输技术主要依靠自组织网技术和ZigBee无线通信技术来实现。长距离传输则依靠GPRS通信技术来实现。信息处理与服务层由硬件和软件两部分组成。硬件部分利用计算机集群控制和局域网技术；软件则包含传感网络监测实施数据库、标准数据样本库、果园生产情况数据库、GIS空间数据库和气象资料库。这些数据为应用层提供信息服务。

应用层是基于果园物联网的一体化信息平台，运行的软件系统包括基于Web与GIS的监测数据查询分析系统、传感网络系统及果园施肥施药管理系统。

三、智慧果园种植应用案例

2017年2月24日，在陕西省蒲城县孙镇赵庄的苹果种植基地上空，三架来自北京韦加无人机科技股份有限公司（简称韦加股份）的四轴八旋翼植保无人机平稳起飞，进入规划航线自主飞行并喷洒清水模拟作业，吸引了渭南市果业系统的近百名专家领导拍照留念。在当天召开的“2017年渭南全市果业工作会议暨春季果园管理培训会”上，渭南市刚刚确立了“2017年新增优质水果15万亩，种植面积发展到387万亩，产量达到460万吨，产值增长6%，五大区域公用品牌价值量增长20%以上，努力实现陕西现代果业强市建设新突破”的宏伟目标。此番植保无人机在果业种植中的应用，成为渭南市借助高效药械，实现由果业大市向果业强市转变的一个缩影。

众所周知，渭南市是全国最大的绿色果品生产基地。然而，随着农村人口老龄化和果业品牌化战略的实施，原有的种植模式已经很难满足现代果业的发展需求，亟须通过推行机械化、省力化栽培模式，逐步提高果园机械化水平，实现高标准建园。植保无人机具有节水、省药、作业效率高等优点，可以通过规划航线自主飞防，来降低植保作业的难度，实现精准施药，在果树上拥有广阔的市场前景。

针对这一市场痛点，韦加股份通过和中国农业大学等科研单位合作，推出了JF01-10六旋翼10千克级和JF01-20八旋翼20千克级两款机型，专门用于大田、果园农药喷洒作业。特有的旋翼“十字布局”和坚持桨下施药，成为韦加无人机作业效率和打药效果的双重保证。

为配合果园的标准化管理，来帮助植保无人机真正落地，韦加股份经过多项科技创新，打造的“智慧果园”项目，成为当地果农的关注重点。据了解，韦加智慧果园解决方案主要包括云农场、土壤水肥药和作物信息传感系统、农产品可追溯、精准农业四大板块，通过充分利用现代信息技术，集成应用计算机与网络技术、物联网技术、音视频技术、无线通信技术和农业航空技术等，致力于实现农业产业链各关键环节的信息化、标准化、工厂化生产。在这种种植模式下，农场主通过手机，就能够轻松实现对种植的操控，而这些技术的实现，则需要依赖无人机多项功能的发挥。

（来源：http://www.nzdb.com.cn/qy/127405.jhtml）

第五节　智慧畜禽养殖

一、智慧畜禽养殖概述

畜禽舍环境质量的优劣直接影响畜禽健康和产品品质。禽畜舍内有害气体含量超标、温湿度等环境指标超标均会导致畜禽产生各种应激反应及免疫力降低并引发各种疾病。虽然畜禽舍里采用了纵向通风、夏季湿帘降温等一系列环境控制技术来保障环境调控，但环境控制系统多数由饲养管理人员手动操作或机电操作，自动化水平低，难以适应现代化管理的要求。目前，畜禽舍环境指标的监测主要采用手工测定，如畜禽舍内氨气浓度的测定，常采用负压空气机采集定量空气，然后将空气压入水中，用盐酸中和，依据盐酸消耗量推导空气中氨气浓度，该过程烦琐费力、误差大、时效性差。智慧畜禽养殖是利用物联网技术，围绕设施化畜禽养殖场生产和管理环节，通过智能传感器在线采集养殖场环境信息（二氧化碳、氨气、硫化氢、空气温湿度、光照强度、视频等），同时，集成改造现有的养殖场环境控制设备、饲料投喂控制设备等，实现畜禽养殖场的智能生产与科学管理。

二、智慧畜禽养殖系统

1. 环境监控系统

环境监控系统（图2-7）包括3个主要模块：一是信息采集模块，完成对畜（禽）舍环境中CO_2、氨氮、H_2S、温度和湿度等信号的自动检测、传输和接收。二是智能调控模块，完成对畜（禽）舍环境的远程自动控制。三是管理平台模块，完成对信号数据的存储、分析和管理，设置环境阈值，并作出智能分析与预警。

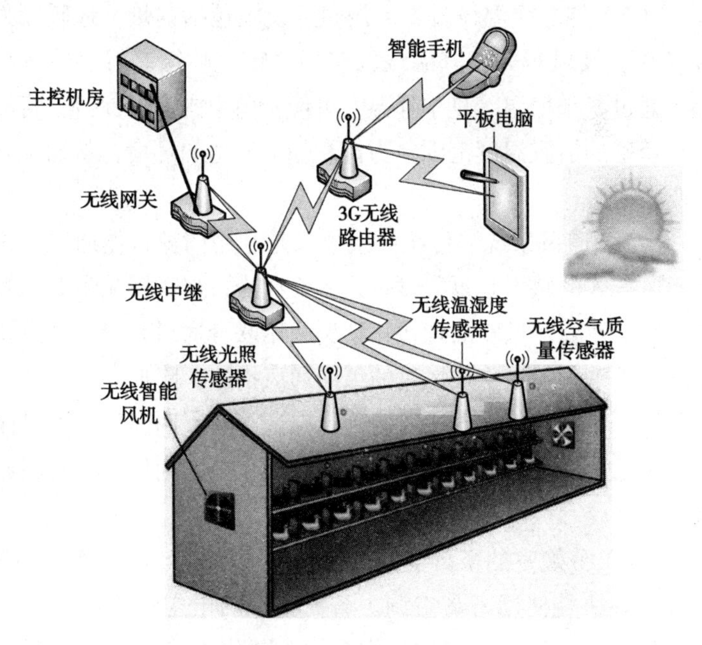

图2-7　养殖环境监控系统

有害气体检测设备。该设备安装了对某些有害气体敏感的仪表和热敏仪，根据室内有害气体和舍内温度高低自动通风。当养殖场内空气污浊，有害气体含量超标时，将对畜禽的生长发育产生很大危害。

（1）光照强度和时间的控制。光照强度与时间是畜禽养殖中必须重视的问题。光照的目的是延长畜禽的采食时间，促进生长。然而如果光照时间过长，会导致畜禽死亡。以养鸡为例，出生1~7天的小鸡光照要强，有利于帮助雏鸡熟悉环境，充分采食和饮水；从第八天开始，光照应越来越弱，因为强光照对肉鸡有害，阻碍生长，弱光则可使鸡群安静，有利于生长发育。光照强度传感和控制技术，可以轻松满足这种需求。

（2）加热降温设备。专用暖气设施包括锅炉、地暖管、暖气片、鼓风炉等。降温设施包括水帘、喷雾装置、冷气机等。通过冬季增温、夏季降温，可使养殖室内温度保持在畜禽生长繁殖的适宜温度范围，为畜禽创造舒适的环境，从而提高生产效率。

（3）通风系统。传统养殖场只是利用门窗自然通风，这种通风方式的缺点是夏天过热，冬天过冷，严重影响畜禽的繁殖和生长发育。近年的现代化猪场采用联合通风系统，全自动控制，夏季采用湿帘加风机的纵向通风措施，降低高温对畜禽的影响，冬季采用横向通风措施，保证养殖室内温度的同时保证了最低通风量，猪舍气候调控的现代化极大地促进了我国养猪业的发展。

（4）分娩室的畜禽空调。解决传统加热与通风换气之间矛盾的方法是使用畜禽空调。畜禽空调与电空调不同，它一般由高效多回程无压锅炉、水泵、冷热温度交换器，空调机箱、送风管道和自动控制箱六大部件组成。因正压通风，所以，可给舍内补充30%～100%的新鲜空气，且所送进的空气都经过过滤，降低了舍内空气的污浊度。夏季该设备输入地下水作为冷源进行降温，节省了设备的投资。畜禽空调具有降温、换气和增加空气中的含氧量等功能，特别适合空间不大的单元式分娩舍和保育舍使用，成本低、又环保。

2. 精细饲养系统

精细饲养系统（图2-8）是根据动物各生长阶段所需要的营养成分、含量以及环境因素的不同来智能调控动物饲料的投喂。系统要实现的功能如下。

图2-8　精细饲养系统

（1）唯一身份标识。每头畜禽配带一个电子耳标（或脚标），标签上有畜禽个体的电子“身份证”，包括出生日期、发情周期、妊娠周期、产奶（蛋）开始日期、已经产奶（蛋）天数，产奶（蛋）量，产奶（蛋）速度、体温、用药记录、免疫情况等信息，全部记录到“身份证”中。还可以采用牛用铲形耳挂式智能电子标识（图2-9）挂在牛的耳朵上，作为电子身份证，可伴随动物终身；国际动物编码与国内农业农村部编制的二维码相互转换并一一对应，采用阅读器能采集二维码信息。该硬件可以收集牛的体温、睡觉、周边环境等信息。

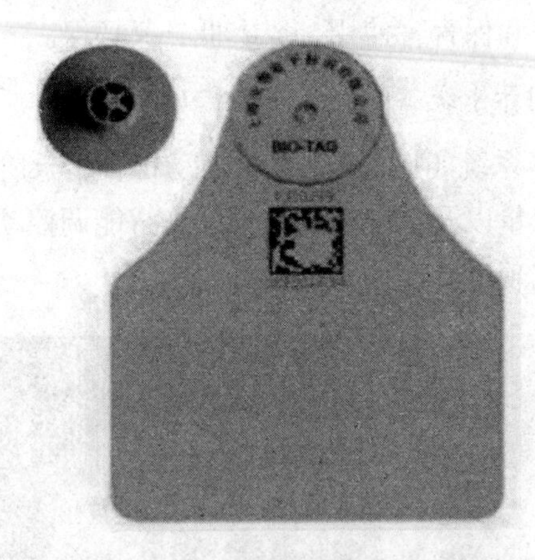

图2-9 牛用铲形耳挂式智能电子标识

（2）自动化喂料和饮水。喂料设施包括储料塔、自动料线、全自动、半自动料筒等。饮水设备包括鸭嘴式饮水器，以及饮水自动加热设备。旧式畜禽场喂料手工或半自动化，喂水用水槽，易污染，不卫生且工人劳动量大。

（3）精细差别化投喂。根据不同畜禽的生长模型，结合畜禽个体的体重和月龄等情况，计算该个体的日进食量，分时分量自动投喂，当发生异常情况时自动报警。

（4）畜禽个体管理。在喂养场、检疫站、分娩室、挤奶场等大门处设置RFID扫描设备，当畜禽进入该扫描设备的扫描范围时，通过耳标等识别系统实现家畜个体的自动识别，并记录与进食有关数据。对繁育期母猪，配置发情监测设备。对产奶期奶牛，配置RFID标签等装备，自动记录并分析其奶量变化。

（5）繁殖育种管理。利用试情公畜探测到发情母畜，用怀孕检测仪检查母畜是否妊娠怀孕，通过电脑记录准确判断母畜怀孕后何时进入产房，以便于繁育管理。通过精细饲养系统，饲养人员可以进行公畜繁殖状态查询、母畜繁殖记录浏览、公畜近交评估、母畜近交评估、系谱查询、计算全体近交系数、公畜资料卡、母畜资料卡等，更重要的是可以随时产生每头在群母畜的资料卡，决定母畜的最佳淘汰时间。

3. 畜禽生鲜产品流通系统

畜禽生鲜产品流通系统（图2-10）是指使鸡、鸭、猪、牛、羊等畜禽生鲜产品从产地活体装箱（或屠宰）后，在产品加工、贮藏、运输、分销、零售等环节始终处于适宜的温度控制环境下，最大限度地保证产品品质和质量安全、减少死亡、防止变质、杜绝污染的过程。

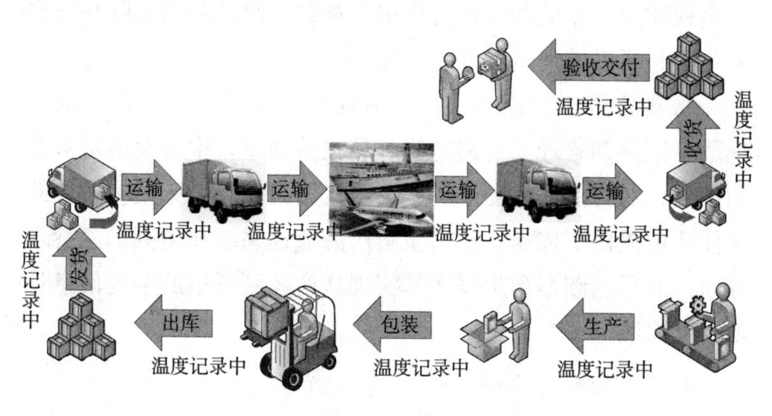

图2-10　畜禽生鲜产品流通系统

屠宰后的生鲜产品，要求始终处于较低的温度环境，如果温度控制不好，很容易发生变质。但是由于传统运输配送过程的封闭性，如果发生变质事故，很难鉴定究竟是何时何地温度发生了变化，究竟是某一环节出现的问题，还是整个流通配送冷藏系统的持续性故障，导致很难判断造成事故的责任人是谁。这些问题的解决就需要一个能够持续记录物品温度并将此温度数据便捷存储和发送到后台管理系统的技术。

利用物联网技术，畜禽生鲜产品在流通过程中，设备自动对产品的温度进行实时记录、预警、控制，确保畜禽生鲜产品储存或运输过程中的温度需求，也可以帮助、辨识可能由温度变化引发的质量变化及具体发生时间，有助于质量事故的责任认定。

畜禽生鲜产品流通的核心环节是仓储和运输。在仓储库内和冷藏车厢内，根据需要布置多个传感器网络节点，在车厢顶部布置有路由器，节点上的温度传感器采集的实时温度数据，通过GPRS等无线网络传送到远程的控制中心。从而24小时全程监控在仓储和运输过程中，畜禽生鲜产品的实际环境温度是否与所需的环境温度相一致。

畜禽生鲜产品流通系统在流通信息实时记录管理方面，规范、记录和管理了畜禽生鲜产品在流通过程中涉及质量安全的数据，对可能造成变质的环境因素给出预警，为质量事故的责任认定提供了依据。畜禽生鲜产品流通系统在追溯信息管理方面，对可追溯畜禽生鲜产品实现从产地到餐桌的全程信息管理和可追溯。

4. 粪便清理与消纳系统

粪便清理系统（图2-11）主要由信息采集、粪便清理、空气净化三部分组成。在养殖场内布置多个温度、湿度、氨、H_2S等传感器网络节点，实时将养殖场的温度、湿度、氨、H_2S等变化情况反馈到控制中心，当超过粪便清理的预设值时，系统自动启动（或者人工授权启动）粪便清理机，对养殖场内的粪便进行自动收集，同时，对养殖场内的空气进行净化和通气。目前，粪便清理系统多应用于鸡、鸽等禽类养殖场中。

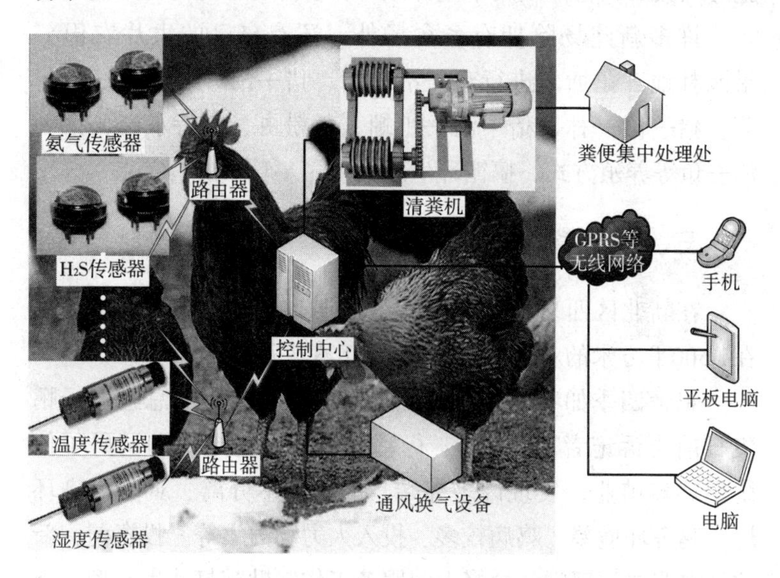

图2-11　粪便清理系统

粪污的消纳能力是当前环境保护首先应当考虑的，有效消纳粪污成为现代化畜禽场的显著标志之一。绿色果蔬种植业的蓬勃兴起，菜农为生产出无公害的绿色果蔬，大量使用有机肥。鸡粪以其肥效高、能活化土壤、提高地温等显著特点，备受菜农的喜爱。由于施用鸡粪有机肥，土壤会变得越来越松软，农作物长势好，农产品口感更是特别好。如今，鸡粪已成为生产绿色无公害农产品的首选肥料，并且还可以深加工制成其他产品。

畜禽粪发酵后，产生的沼气可用于畜禽场食堂、发电和燃气锅炉；沼渣沼液用于菜园、果园和农田，或制作成有机肥或生产专用肥料；污水经处理后可以用于畜禽场清洗，上述措施可大大节约畜禽场用水量并减少养畜禽对环境的污染。

许多新建场除拥有畜禽场外，还有自己的大片农田、果园林地、鱼塘。进行鸡—沼—猪，猪—沼—果，猪—沼—菜，猪—沼—林，猪—沼—蚯蚓、黄粉虫、名特水产，猪—沼—鱼等养殖方式，搞循环生态养殖。

三、智慧畜禽养殖应用案例

在新北区西夏墅镇常州恒鑫农业生态园，5.1万羽蛋鸡养在1 500平方米的鸡舍里，只要1个工人进行日常管理。

鸡舍四季如春，装有智能新风系统。45岁的总经理杨鹏飞日前告诉记者，“263”行动开始前，他走访和调研了传统蛋鸡养殖业，发现许多弊端，如粪蛋不分离、鸡粪污染环境、鸡舍环境差、鸡病较多、投入人力物力大等。投资前，新北区农业局等部门就做好上门服务工作，助其打造生态型、智慧型畜禽养殖企业。

记者在全身消毒后走进鸡舍，除了鸡叫和新风系统换气的声音，听不到其他噪声。记者看到，鸡舍内每一排都有5层鸡笼，1 500平方米的鸡舍每平方米可养约33只蛋鸡。每一层鸡笼都有蛋粪分离设计，蛋产下后只要打开开关，就会沿传送带进入集蛋仓，再由工人装箱。鸡粪则沿另一条输送带进入收集池。每2天收集1车鸡粪，这些都是周边果树种植户需要的有机肥，1车约800元。

鸡舍安装有全自动喂料机、恒温恒湿装备以及带有氨气探测的智能新风系统，“整个鸡舍的温度一年四季都在22～25℃”。

投资1 000万元打造生态型畜禽养殖企业后，杨鹏飞并非一帆风顺。2016年遇上的几波禽流感疫情，鸡蛋2元/500g都没人要，投产第一年就亏了180万元。去年开始市场回暖，目前蛋鸡场每天产蛋2 500千克，供应常州市的商超和餐饮企业。在杨鹏飞的办公室，监视器上显示着多个画面，可以看到包括鸡舍在内的整个生态园的实时情况。“每次出差开会，传统养殖场的同行时间一长就坐不住了，一个个打电话问情况，生怕鸡出问题。”杨鹏飞说，而他只要打开手机上的APP软件，就能实时掌握整个蛋鸡场情况，包括鸡舍内的温度、湿度、氨气含量等，都能在手机上查看并调节，还能调节鸡舍内的灯光。

传统蛋鸡场1 500平方米最多只能养1万羽蛋鸡，还要时时做好鸡舍环境保洁、保温保湿等工作，否则蛋鸡很容易感染疾病。杨鹏飞的蛋鸡场，同样面积却养了5倍的蛋鸡，而且所产鸡蛋比传统蛋鸡场的鸡蛋高出约每500g/0.1元。

蛋鸡健康了，鸡蛋升值了，用人成本缩减了，养殖粪污循环利用了，杨鹏飞尝到了畜禽产业促转型调结构的甜头，在产生经济效益和美好环境中实现了多赢。

（来源：常州日报，2018-3-30）

第六节 智慧水产养殖

一、智慧水产养殖概述

智慧水产养殖是农业物联网的一个重要领域，是指采用先进的传感技术、智能传输技术、智能信息处理技术，通过对养殖水质及环境信息的智能感知、安全可靠的传输、智能处理以及智能控制，实现对水质和环境信息的实时在线监测、异常报警和智能控制，实现健康养殖过程的精细投喂以及疾病实时预警与远程诊断，改变传统水产养殖存在的养殖现场缺乏有效监控手段、水产养殖饵料和药品投喂不合理、水产养殖疾病频发的问题。

二、智慧水产养殖系统

1. 水质智能监控系统

水质是水产养殖最为关键的因素，水质好坏对水产养殖对象的正常生长、疾病发生甚至生存都起着极为重要的作用。水质智能监控系统就是通过物联网技术实时在线监测水体温度、pH值、DO、盐度、浊度、氨氮、COD、BOD等对水产品生长环境有重大影响的水质参数，太阳辐射、气压、雨量、风速、风向、空气温湿度等气象参数，在对所检测数据变化趋势及规律进行分析的基础上，实现对养殖水质环境参数预测预警，并根据预测预警结果，智能调控增氧机、循环泵等养殖设施，实现水质智能调控。为养殖对象创造适宜水体环境，保障养殖对象健康生长。水质智能监控系统一般由水环境监测点、无线控制网关、气象站和综合服务平台组成。

（1）水环境监测点。水环境监测点包括无线数据采集终端与智能水质传感器，主要完成对溶解氧、pH值、温度等各种水质参数的实时采集、在线处理与无线传输。如图2-12为水产养殖智能监控系统，该传感器可在河流、湖荡、池塘中，对水质的溶解氧浓度进行测量。溶解氧是水质的一个重要指标，可用传感器进行各种类型水质的测量。

图2-12　水产养殖智能监控系统

（2）无线控制网关。利用无线传感网络和具有GPRS通信功能的微处理器（网关），实现现场显示、控制以及远程控制的功能。无线控制网关汇聚水环境监测点采集的数据，并接收手机客户端发送的短信以及电脑网络的控制指令，通过电控箱控制各种水质调控设备动作。

（3）气象站。气象站主要完成对风速、风向、空气温湿度、太阳辐射以及雨量等气象数据的实时采集、在线处理与无线传输。依据气象数据可分析水质参数与天气变化的关系，以便更好地预测水质参数的变化趋势，提前采取调控措施，保证水质良好。

（4）综合服务平台。综合服务台包括水质监控、预测、预警系统。通过水质智能控制计算，实现现场数据获取、系统状态反馈、系统预警、系统报警、系统控制等功能。

2. 精细投喂智能决策系统

以鱼、虾、蟹在各养殖阶段营养成分需求，根据各养殖品种长度与重量关系，光照度、水温、溶氧量、养殖密度等因素与饵料营养成分的吸收能力、饵料摄取量关系，借助养殖专家经验建立不同养殖品种的生长阶段与投喂率、投喂量间定量关系模型。利用数据库技术，对水产品精细饲养相关的环境、群体信息进行管理，建立适合不同水产品的精细投喂决策系统，解决喂什么、喂多少、喂几回等精细喂养问题，而且也能为水产品质量追溯提供数据资料。

养殖户可登录水产品养殖物联网系统，选择饲料投喂决策，输入摄食养殖面积、养殖密度、水草覆盖率、最高溶解氧等参数，建立系统模型。为养殖户提供当天的投喂建议，包括植物性和动物性饲料的比例，以确保投喂科学性，提高饲料利用率，节约养殖生产成本。

三、智慧水产养殖应用案例

水产养殖业是一项有特色、有活力、有潜力的基础产业，事关国计民生。改革开放40年来，我国的水产养殖业受到政策扶持、科技进步、市场拉动和国家综合实力增强等诸多因素的激励，获得高速发展。水产养殖总产量增长，产生了巨大的经济和社会效益。近10多年来，高速发展的中国水产养殖业在给社会带来巨大财富的同时，也给自身带来了许多有待解决的技术和环境问题。作为水产养殖业的资深管理者朱冠登，在20世纪90年代即已和滩涂水产养殖业“结缘”，因为职业的驱使，他矢志于水产养殖业品种、结构和产业信息化的变革。他指出，21世纪是信息技术日新月异的新时代，人类社会面向信息化快速迈进。水产养殖作为渔业中的重要组成部分，所面临的不仅是严峻的考验，更是难得的机遇，必须充分利用互联网信息技术促进我国水产养殖业从粗放型经营向集约型经营、智能化经营的转变，必须架构产业链的信息化平台。

作为一名在水产养殖行业耕耘20多年的资深人士，朱冠登积极推进水产养殖业信息化的发展，他十分看好水产养殖业同新兴的3G移动互联网的融合，不仅在互联网创建了“中国江苏水产养殖行业门户”，同时，还在3G互联网领域上线了国内首个水产养殖APP客户端——“中国江苏水产养殖网”。力求实现通过互联网和3G移动互联网“双网齐下”，构建产业信息平台，实现对水产养殖业的智能化、信息化的管理，让水产养殖经营者坐在家中通过PC电脑和手机即可实现对市场、技术、产品购销的了解和互动。

朱冠登指出，对池塘水体要素的遥感、遥测技术已经进入应用领域，通过进一步的开发整合，将当代信息技术用于养殖场的管理，将大大提高池塘养殖及风险防控水平，降低缺氧、浮头、泛塘的风险，节省人力、能源、饵料资源，降低养殖的成本，大幅提高经济效益。朱冠登还指出，当前，从业者对于养殖业机械化的研发空前活跃，近2年就出现了上鱼输送机、投饵自动计量设备（发明人：孙正平），周角投饵机（发明人：田欣荣）、我国工业化进程推进迅速，工业化的成果将广泛应用和服务于现代农业的发展，用现代科学技术改造传统水产养殖，用现代物质条件装备水产养殖业，不仅将大大提升渔业的装备水平，还将大大推进现代渔业的产业化、智能化、标准化进程。

（来源：http://finance.ifeng.com/a/20131206/11229938_0.shtml）

第三章 农机装备定位和调度系统

第一节 农机装备定位和调度概述

一、农机装备定位和调度的内涵

农机装备定位和调度是通过对农业机械的位置监控，有效引导农业机械的有序流动，避免农业机械跨区作业的盲目性，提高农机手的作业效率和经济利益，提升农机管理部门的管理效率和服务。

农机装备定位和调度系统是一种以设备定位和信息管理为基础的调度管理系统。通过定位终端实现农机装备位置信息的实时采集，并对采集信息进行数据分析，进行决策响应后执行对应的调度操作。

通过定位技术可实时获取农机装备的位置信息，不但为驾驶员提供准确的参考依据，还可借助通信手段把位置信息发送给农机装备管理人员，实现农机装备的调度管理。定位技术通过与安装在农机装备上的控制设备、通信系统和部署在远程计算机信息平台侧的信息系统，实现农机装备的精细化调度管理。配合农机装备上相关传感装置和计算机信息平台侧的信息交互，可实现精细化农业生产控制。

农机装备定位技术应用于农、林、牧、渔各业的“大农业”整个生产工艺的过程中，不但可应用于农田生产耕、种、收各个环节，还可用于畜牧养殖和水产养殖生产过程中所需的饲料（草）加工、饲养及畜产品采集加工机械装备。

二、农机装备定位和调度的分类

农机装备按照其定义可分为田间管理机械、收获后处理机械、农用搬运机械和畜牧水产养殖机械。其中，田间管理机械指农作物及草坪、果树生长过程中的管理机械，包括中耕、植保和修剪机械等。收获后处理机械指对收获的作物进行脱粒、清选、干燥、仓储及种子加工的机械与设备。农用搬运机械指符合农业生产特点的运输和装卸机械。畜牧水产养殖机械指畜牧养殖和水产养殖生产过程中所需的饲料（草）加工、饲养及畜产品采集加工机械。

根据定位设备和农机设备的整合程度，可分为手持终端方式、机载终端方式、软件安装方式和内置模块方式4种。

（1）手持终端方式。手持终端方式是指定位终端设备和农机设备完全分离，通过农机操作员手持GPS终端设备进行现场操作，实现所处地理位置信息的查看功能。手持终端设备分为包含通信功能的手持终端设备和不含通信功能的手持终端设备2种类型：包含通信功能的手持终端可把当前位置信息传递到后台计算机信息平台侧，实现和计算机信息平台侧双向的信息交互；不包含通信功能的终端无法通过终端实现和计算机信息平台侧的信息交互，操作员只能借助其他移动通信方式实现与远程农机管理者的信息沟通，完成农机装备的调度响应。

（2）机载终端方式。机载终端方式是指在农机装备上安装定位设备，实现农机所处地理位置信息的采集功能。机载定位设备类型相对丰富，除了提供定位功能外，还提供其他额外功能，机载定位终端多采用GPS方式，目前有部分终端采用北斗导航方式。

机载定位终端存在易被拆卸、管理困难的问题以及农机装备管理员无法通过机载终端实时了解农机运行状态信息等情况。

（3）软件安装方式。软件安装方式是指在智能终端设备上安装具备定位计算能力的软件实现农机装备的定位。

软件安装方式通过在智能终端操作系统上安装应用软件，实现对智能终端内置能力模块如Wi-Fi通信模块、网络通信模块或GPS通信模块的功能调用，实现农机装备的定位功能。Wi-Fi定位取决于外部是否存在Wi-Fi网络环境，在有Wi-Fi信号覆盖的地方，其室内定位精度可在5米以内，室外定位精度在20～50米范围。智能终端网络通信模块和运营商基站的连接，可实现基于运营商基站的定位服务，定位精度在50～200米范围。应用软件对智能终端GPS模块的调用并不对GPS精度产生影响。定位方式可为单一定位方式，也可以为混合定位方式。单一定位方式指对智能终端中的一个模块进行调用来定位。混合定位包含两层概念：一种是策略优先，即混合了多种定位能力，但在特定应用场景下只适用特定的能力。如室内用Wi-Fi或基站定位，室外用GPS定位。另一种是算法混合，如可融合不同定位算法的混合协助能力。另外，还有一些混合定位系统可以对多个定位算法返回的结果进行加权计算，从而得出一个最优的定位结果。

软件安装方式和现有智能手机结合紧密，一定程度上可替代手持终端方式和部分机载终端方式，但依然存在定位设备和农机设备分离的问题，无法了解农机运行实时状态。

（4）内置模块方式。内置模块方式通过在农机装备内置GPS和无线通信模块，并通过农机CAN总线技术实现农机工作状态信息和位置信息的统一采集，无线通信模块使用运营商的无线通信网络，把采集的GPS位置信息、图像信息和农机运营状态信息实时传送给计算机信息平台侧，远程农机管理人员实现对农机当前位置的管理以及运行状态的查看。同时，借助计算机平台运算能力，实现农机装备的远程精细化管理。

内置模块方式支持调度方式更是多样，支持操作员远程对农机进行熄火、限速等操作。但需要对农机装备进行改造，其成本较高。

三、农机装备定位和调度面临的问题

农业现代化是指从传统农业向现代农业转化的过程和手段。在这个过程中，农业日益被现代工业、现代科学技术和现代经济管理方法武装起来，使农业生产力由落后的传统农业日益转化为当代世界先进水平的农业。农业现代化可以概括为“四化”，即机械化、化学化、水利化和电气化。将机械化排在农业现代化的首要位置。所谓农业机械化，是指运用先进设备代替人力手工劳动，在产前、产中、产后各环节中大面积采用机械化作业，从而降低劳动的体力强度，提高劳动效率。

1. 装备率不足的问题

农业机械化的发展与社会经济发展、科学技术进步、工业化进程、城市化水平紧密相关，不是独立存在的。2011年，我国城市人口首次超过农村人口，由于城市化加快，农村劳动力大量转移，农村劳动力紧缺而形成对农业机械化的强烈需求，加速推进农业机械化的进程。社会经济发展在工业、信息技术和管理方法上也为实现农业机械化提供了必要条件。改革开放后，我国农机化发展取得了辉煌的成就：农机总动力接近8亿千瓦，耕、种、收环节综合农机化水平42%以上，农机产品种类较之过去发生了根本性的变化，更新换代的速度也大大加快。虽然我国农业机械化事业取得了巨大发展，传统农业向现代农业转变的步伐加快，但是同世界先进国家甚至世界平均水平相比，我国农业机械化水平还是较低的。自《农业机械化促进法》颁布实施以来，农业部门组织各方面力量，研究制定在21世纪中叶前我国农业机械化的规划，明确农机化的发展目标、战略，制定农机科技进步、农机工业、农机化服务的规划和实施方案，制定重大法规、政策，指导农业机械化健康发展。

2. 信息技术应用落后的问题

中国继美国之后拥有世界上第二大的农业机械市场。信息技术的发展使高新技术在农业机械装备上的应用广泛，对农业产生日益广泛和深刻的影响，使农业机械使用的方便性、舒适性、自动化和智能化水平进一步提高。以智能化和多媒体技术为主的信息技术大大提高了农业相关信息的量化、规范和集成程度，减少了时空变异产生的负面影响；地理信息系统（GIS）和卫星全球定位系统（GPS）对农业机械装备进行有效的管理，提高了农业生产的稳定性和可控性。在欧美等国，3S技术已经应用到农业生产机械上，而我们的农机设备上信息化技术应用相对落后，农机装备的定位和调度管理多依靠传统的人工方法，效率较低。

农业生产机械上和信息化技术的结合将使农机装备的管理由原来的分散式、粗放式管理转变为“集中化、信息化、网络化”的管理，使农业装备使用者、农业装备提供者和农业装备管理者足不出户就可查看农机装备的机车性能、状况、作业数量和质量等信息，实现农机装备的远程调度管理。农机装备定位和调度系统就是在这样的背景下产生的。

第二节　农机装备定位和调度系统

一、主要业务流程

农机装备定位和调度系统允许农机装备管理人员在远程根据农机装备位置发出调度指令。从手持终端方式、机载终端方式、软件安装方式和内置模块方式对不同类别的农机装备定位应用中发现，其主要业务流程基本是一致的。

通常情况下，农机定位和调度管理应用一般包含以下8个主要的业务环节。

（1）通过定位服务采集农机装备的相关地理位置信息，如果具备条件，可同时采集农机的实时工作状态信息。

（2）地理位置信息和农机工作状态信息通过通信系统上报到计算机信息平台。

（3）计算机信息平台对地理位置数据和农机工作状态信息做接收处理。

（4）计算机信息平台对地理位置数据和农机工作状态信息进行分析。

（5）计算机信息平台根据分析结果进行相关调度命令的下发。

（6）调度命令通过通信系统传输到农机装备上或者发送给农机操作员。

（7）农机装备侧接收到调度命令后，显示或解析为可被执行的信息。

（8）实现对农机装备的调度控制或者农机操作员按接收到的指令对农机装备进行调度控制。

二、主要业务功能

根据农机装备定位和调度系统主要业务流程，其业务功能可划分为数据采集功能、数据接收功能、数据分析功能、控制命令下发功能、调度执行功能、信息传输功能和其他一些辅助功能。

1. 数据采集功能

数据采集功能实现对农机装备相关信息进行采集，这些采集的原始数据上报到计算机信息平台侧后可进行进一步的数据分析，方便农机装备管理员进行相关的调度服务。采集的数据信息如下。

（1）位置信息。位置信息包含当前农机装备的地理位置信息和时间信息，位置信息主要以经度和纬度信息的组合体现，位置信息是农机装备定位和调度系统的基础。

（2）农机装备信息。农机装备信息包含农机装备描述信息、操作者工作状态和农机装备运行状态信息。农机装备运行状态信息指通过车辆CAN总线获取到农机装备相关的运行状态信息，包括车速、油量、运行状态等。农机装备运行状态信息为农机调度提供更多的参考依据的同时，可实现远程精准控制调度服务，如根据车辆所处区域位置对车辆制动装备进行控制。

（3）农机装备运行环境信息。农机装备运行环境相关信息是指农机装备外部环境等，环境相关信息为农机调度提供更多的参考依据。

2. 数据接收功能

数据接收功能要求对数据采集功能采集的相关信息进行接收和存储。

3. 数据分析功能

数据分析功能基于数据采集信息，在计算机信息平台侧结合地理信息系统进行统计、分析、挖掘、评估等综合处理，以数据、图表的形式生成数据分析结论，为用户提供全面、准确的车辆位置、运行状态等信息，这些信息是进行调度决策的基础。

4. 调度指令下发功能

调度指令下发功能实现在计算机信息平台侧以人工的或自动控制的方式通过通信网络向农机装备发送调度指令。调度指令可以以文本、远程控制命令或语音方式为载体。

文本方式指在计算机信息平台侧以调度人员手工文字方式或自动触发方式下发文本类型的调度指令，并在农机装备侧显示。文本方式要求农机装备现场有文本显示提醒装置可以接收文本信息并进行显示提醒，方便农机操作者及时阅读。

远程控制命令方式指内置模块方式下，调度人员通过计算机信息平台侧直接发起调度命令或根据特定业务逻辑系统自动触发远程调度命令，农机装备侧通过通信模块接收调度指令，并通过总线控制相关模块的执行。

语音方式指在计算机平台侧以调度人员手工方式或自动触发方式以语音通话的方式向农机装备操作人员发起调度指令，由农机装备操作人员执行。

5. 调度执行功能

调度执行功能实现在具体调度信息的执行、调度命令以文本或语音方式下发时，具体的调度由农机装备操作员执行，以远程控制命令方式下发时，由农机装备具体执行模块执行。

6. 信息传输功能

信息传输功能实现农机装备侧和计算机信息平台侧之间的通信功能。

除上述功能外，在业务实现过程中，还需要在计算机信息平台侧对农机装备、计算机信息平台侧硬件设备的运行状态以及软件系统中用户角色、业务权限、工作状态进行统一管理。

三、主要实现技术

1. 通信技术

通信技术是保证农机装备和计算机平台之间信息传输的重要技术手段，包括无线通信、移动通信、移动互联网等。无线通信是利用电磁波信号可以在自由空间中传播的特性进行信息交换的一种通信方式。移动通信是指移动体之间的通信，或移动体与固定体之间的通信。移动体可以是人，也可以是在移动状态中的具体农机装备等物体。移动互联网将移动通信和互联网两者结合起来，成为一体。

2. GPS定位技术

GPS技术即全球定位系统，是指利用卫星在全球范围进行实时定位、导航的技术。利用该技术，用户可以在全球范围实现全天候、连续、实时的三维导航定位和测速；另外，利用该系统，用户还能够进行高精度的时间传递和高精度的精确定位。

GPS在农业上主要用于定位处方农作以及田间农机具的自主导航（图3-1）。在定位信息采集和定位处方农作上，GPS主要用于田间信息和作业机具的准确定位，结合土壤中含水量，氮、磷、钾、有机质含量及作物病虫害、杂草分布情况等不同的田间信息，辅助农业生产中的灌溉、施肥、喷药、除草等田间作业。在定位导航上主要是在一些农机具上安装GPS接收机，通过GPS信号精确指示机具所在位置坐标，从而可以对农业机械田间作业和管理起导航作用。

农机装备定位技术的关键是GPS平台的构建。主要工作流程是由安装在农机装备上的GPS终端接收GPS卫星信号测定的当前农机装备的位置，同时，由车辆终端采集系统采集当前农机装备的行驶速度、油量等状态信息，经由无线通信网络将这些信息发送到监控中心和数据存储中心。监控中心服务系统将位置和其余状态属性信息匹配在电子地图上，直观地显示农机装备的相对位置。

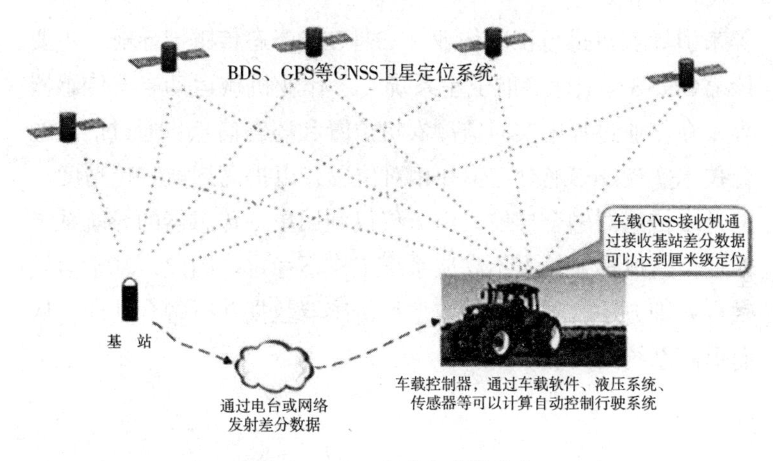

图3-1　GPS在农业中的定位

3. 农机田间作业自主导航

随着大功率、复杂功能作业机械的不断发展，人工驾驶难度增加，作业质量难以保证，需要借助自动控制技术保证作业农机按照设计路线高速行驶和良好的机组作业性能。自动导航技术可以保证实施起垄、播种、喷药等农田作业时衔接行距的精度，使农机具备自定位、自行走能力，实现无人驾驶。减少农作物生产投入成本，提高田间作业质量，避免作业过程产生衔接行的遗漏，降低成本，增加经济效益。应用自动驾驶技术可以提高农机的操作性能，延长作业时间，可以实现夜间播种作业，大大提高了机车的出勤率与时间利用率，减轻驾驶员的劳动强度，在作业过程驾驶员可以用更多的时间注意观察农具的工作状况，有利于提高田间作业质量。

农机田间作业导航主要有3类导航方法：一是机器视觉导航，利用一种非接触边界跟踪传感器，通过实时识别田间的局部导向特征或田间的作物状态图像，如作物行列、田埂、行距等来引导农机进行田间作业。二是GPS姿态传感器导航，主要依靠GNSS（全球导航卫星系统）、作业机械运动姿态传感器等，在作业过程中实时监测农机位置和姿态信息，通过信号融合技术实现GPS绝对定位和相对位置，以提高导航定位精度。三是多传感器融合导航，由于仅仅利用单一传感器的导航系统往往会造成作业精度不高或系统工作不稳定。因此，基于信号融合处理方法，采集两种或多种传感器数据并行融合处理，从而提高系统的性能。

第三节　农机装备定位和调度系统设计

一、系统设计原则

系统设计应遵循整合性、兼容性、差异性和多样性的原则。

1. 整合性

整合性指在农机装备侧需要整合定位功能和通信功能，使农机装备的位置信息可及时通过通信功能上报到计算机信息平台侧，计算机信息平台侧的调度信息可及时下发到农机装备侧。

2. 兼容性

兼容性指计算机信息平台侧系统兼容不同的定位终端类型接入，包含手持终端方式、机载终端方式、软件安装方式和内置模块方式。

兼容性原则使农机装备在选择定位装置的时候，可使用不同类型的定位终端。

3. 差异性

差异性指计算机信息平台侧系统可根据农机装备的定位接入方式提供不同的服务，不同定位接入方式所包含的信息量存在差异，除了基本的位置信息外，还可包含视频信息、农机运行状态信息等。计算机平台除了根据位置信息提供基础的业务服务外，还可根据视频信息提供视频监控查看功能，根据农机运行状态信息提供更精细的远程控制等功能。

4. 多样性

多样性指计算机信息平台侧对不同的对象提供不同的服务形态，对农机装备操作员提供服务以终端为载体，对农机装备管理员提供服务以PC为载体。例如，对农机装备操作员提供终端导航服务，对农机装备管理员提供农机装备位置查询、调度服务等。

二、系统整体架构

农机装备定位和调度系统整体架构，如图3-2所示。农机调度管理系统总体架构是一个依托GSM数字公众通信网络全球导航卫星系统和地理信息系统技术为各个省市县乡的农机管理部门和农机合作组织提供作业农机实时信息服务的平台。农机调度系统主要是农机管理人员根据下达的作业任务，通过对收割点位置、面积等信息分析，推荐最适合出行的农机数，并规划农机的出行路线。同时，该辅助模块通过对历史作业数据统计分析，实现对各作业的效率油耗成本考核来推荐出行农机操作员。

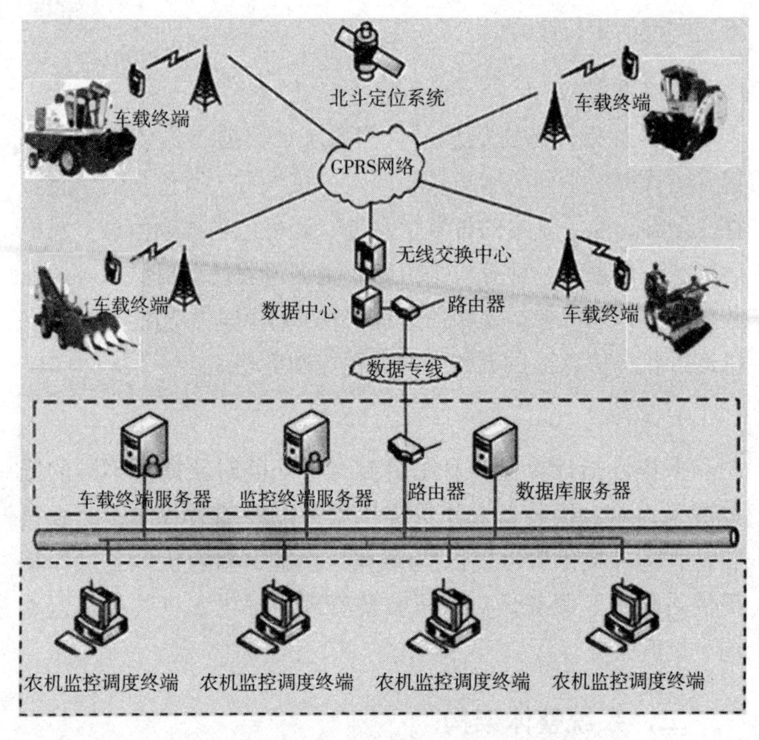

图3–2　农机装备定位与调度系统总体架构

系统通过对传回的数据进行处理分析，可以获取当前作业农机的实时位置、油耗等数据。实时跟踪、显示当前农机的作业情况，提供有效作业里程、油耗等数据的统计分析，并可提供农机历史行走轨迹的检索和回放，实现对农机作业的远程监控，辅助管理者进行作业调度，提供农机作业服务的效率。

三、系统功能设计

1. 农机接入终端

农机接入终端是实现农机装备定位和调度系统的终端设

备，一般安装在农机装备内。终端实时获取农机装备地理位置信息，并通过通信网络接入到计算机信息平台侧，接收来自平台侧的调度指令信息。包含如下功能。

（1）实时定位。通过内置定位功能，实现位置信息的实时获取。一般多采用GPS芯片方式通过卫星网络获取实时位置信息。

（2）网络通信。使用无线通信协议，如3G和4G，用于实现农机终端和计算机信息平台侧系统之间的数据通信和语音双向通信。

（3）信息采集。信息采集功能指终端通过实时定位功能获取当前的地理位置信息，通过总线消息获得农机运行状态信息。同时，信息采集功能可实现视频采集功能。视频采集是农机接入终端的可选功能，主要由相关视频采集模块通过摄像头对视频信息进行采集和转码，并对视频信息进行实时上报，方便计算机信息平台侧对农机装备现场进行实时浏览。

（4）信息存储。信息存储功能指农机接入终端可存储来自计算机信息平台侧的调度文字提醒信息，同时，在网络通信功能异常的时候，可对当前采集的位置信息进行存储。

（5）信息上报。信息上报指接入终端通过网络通信功能把采集到的信息上报到计算机信息平台侧系统。

（6）调度接收。调度接收指终端通过网络通信功能接收来自计算机信息平台侧系统下发的调度信息，调度指令信息包含文字提示信息和控制指令信息。信息接收功能对接收到的文字信息进行转发，同时，显示模块进行信息显示；对接收的控制指令信息通过消息总线实现对农机装备的具体控制。

（7）信息显示。信息显示是农机接入终端的可选功能，它指计算机接入终端可显示接收到计算机信息平台侧的调度文本信息。

（8）位置导航。位置导航功能是农机接入终端的可选功能，它指根据目的地位置的设定和实时定位获取到当前地理位置的信息，结合地图信息对当前信息、目的地信息和行动路径进行显示导航。

除上述功能外，农机接入终端还能实现电源管理、协议处理、数据交换等功能。

2. 地理信息采集终端

地理信息采集终端是实现农机装备定位和调度系统的辅助终端设备，并不参与农机装备定位和调度的相关流程。它以车载方式实现地图信息的采集，采集信息用于制作电子地图，主要功能如下。

（1）实时定位。通过内置定位功能，实现位置信息的实时获取。一般多采用GPS芯片方式通过卫星网络或者借助移动运营商的基站获取实时位置的信息。

（2）信息采集。信息采集功能指终端通过实时定位功能获取当前的地理位置信息，包含信息标注点的采集和线路信息采集。信息标注点指通过实时定位采集相关地理位置关键点的数据信息。线路测量信息是制作电子地图的核心部分，通过起点和终点的添加设置，在行车过程中通过实时定位自动记录相关道路的信息，在线路测量过程中可以添加信息标注点。

（3）信息存储。信息存储功能要求对采集的信息可以在本地进行存储。

（4）信息导出。信息导出功能要求对已采集并存储到终端上的数据可以导出到计算机平台进行进一步的处理。

3. 数据中心

数据中心位于计算机信息平台侧，以数据库或文件的方式存储计算机信息平台侧系统所需业务数据、管理数据和地图数据信息，并提供数据的写入、读取、更新和删除操作，主要功能如下。

（1）数据写入。向业务及管理系统开放数据的写入功能，允许相关子系统通过采用数据库封装接口调用的方式实现数据的写入功能。

（2）数据存储。以数据库或文件的方式实现数据的存储功能。支持不同的数据配置不同的存储方式，包含永久存储、长期存储和短期存储，并提供数据的安全保护机制。

（3）数据查询。向应用层各个子系统开放数据的读取、查询功能，允许应用层各个子系统通过数据库访问接口向数据库查询数据，包括查询单条数据和数据集合。

4. 农机管理子系统

农机管理子系统实现农机装备信息管理和参数信息设置，相关信息管理包含信息的添加、修改、删除和查找功能。

（1）农机装备信息。农机装备信息由农机装备基本信息、操作员信息、通信终端信息和其他信息组成。

农机装备基本信息包括农机设备编号、农机设备牌照、发动机号、排量、所属单位、农机用途、运营区域范围、燃油类型、百公里油耗等信息。

操作员信息包括操作员的姓名、性别、联系电话、居住地址、驾照领取日期、驾照有效日期等信息。

通信终端信息包含终端名称、终端类型、终端号码、终端使用卡号、终端状态、激活日期等信息。

其他信息包含农机装备保险记录信息和维修记录信息等。

（2）参数信息设置。参数信息包含平台参数、农机终端参数、农机状态参数和农机控制命令参数。

平台参数设置指平台侧进行配置的参数信息，包括是否可采集农机运行状态、是否可以远程控制等参数设置。

农机终端参数指农机接入终端所用的配置参数，在平台侧设置后下发到农机接入终端，包含位置信息采集周期、终端心跳间隔、上报时间间隔、上报距离间隔等参数设置。

农机状态参数指农机装备相关工作状态的设置参数，在平台侧设置后下发到农机接入终端，设置包含油量检测间隔参数、停车参数、报警参数、拍照参数、超速提醒参数等参数设置。

农机控制命令参数指可以远程控制农机设备的具体命令，存储在计算机信息平台侧，包含断油、断电等参数设置。

5. 农机定位子系统

农机定位子系统接收安装在农机装备上的农机接入终端上报的地理位置信息，并和电子地图信息融合实现农机装备的状态显示、实时定位、电子围栏、农机告警等功能。

（1）数据接收。数据信息包含位置数据信息和农机工作状态数据信息两部分。位置信息由安装在不同农机装备上的农机接入终端采集当前地理位置信息，并通过通信模块上报到计算机信息平台侧的农机定位子系统，农机定位子系统完成对地理位置信息的接收、转换工作，并把转换后的数据存入数据中心。农机工作状态信息由接入终端通过设备总线消息获取当前装备工作状态的相关参数信息，并通过网络通信模块上报到农机定位子系统，农机定位子系统完成信息的接收、转换和存储工作。

（2）农机状态。农机状态包含农机装备在线状态和农机工作状态。农机装备在线状态通过计算机信息平台侧系统时间、农机装备的定位信息最后上报时间，以及上报周期时间相匹配的方式来计算农机装备当前状态，状态包含在线、离线和异常3种状态。计算机信息平台侧的当前时间减去最后上报时间后，其结果若小于上报周期，设备为在线状态。在线状态又可细分为在线正常状态和在线告警状态。当农机装备触发相关告警逻辑后，农机状态为在线告警状态。计算机信息平台侧当前时间减去最后上报时间后，其结果若大于上报周期，设备为离线状态；数据上报异常或无法计算时，状态设置为异常状态。

农机工作状态信息包含当前行驶速度、当前行驶里程、油耗、发动机工作状态、农机工作环境信息和视频信息等。农机工作状态信息取决于农机装备的消息总线开放程度以及农机接入终端相关的功能实现。

（3）实时定位。实时定位指通过电子地图子系统和农机位置、状态信息的融合，在地图上显示当前农机的位置和相关状态，并可以通过农机管理子系统定义的农机所属单位等属性进行相关农机装备的查找定位。通过电子地图子系统提供的功能实现地图区域查找农机等功能。

（4）电子围栏。电子围栏功能通过在电子地图上标注特定区域范围、设置告警类别，通过农机当前位置判断是否触发告警逻辑，来实现农机的位置管理。区域标注包含矩形区域、多边形区域、线形边界、点形半径范围等。告警类别包含进入区域告警、驶出区域告警、区域内停止告警、区域内超速告警等。

（5）农机告警。农机告警功能通过定义相关的电子围栏，并匹配农机状态信息进行判断，进行相关告警通知。告警以短信、邮件方式设置农机装备告警状态等方式通知农机装备管理人员。

6. 电子地图子系统

电子地图子系统接收来自地理信息采集终端采集的相关信息，并提供信息编辑功能对信息进行梳理，最终以空间信息方式存储到数据中心。

（1）数据接收。在计算机信息平台侧通过电子地图子系统的数据接收功能，可读取地理信息采集终端采集的原始地理位置数据信息，并把原始信息存入数据中心。

（2）信息编辑。地理信息采集终端在对道路信息进行采集时，受定位精度、车辆在行驶直线过程中的偶尔产生折线等情况限制，导致数据接收到的原始地理位置信息不能被直接使用。信息编辑功能提供人工和自动校验两种方式。人工方式以人工识别方式对地理信息进行逐条修改和调整，自动校验方式以程序算法实现数据的批量修改和调整。

（3）数据审查。电子地图子系统以多级编辑审核机制保证地理信息编辑的准确性，只有通过数据审核的地理位置信息才能对外提供服务。

（4）地图显示。地图显示调用数据中心中经过审核的空间地理信息数据，结合地图引擎服务以地图形式呈现，并对外提供接口服务，支持地图的放大、缩小、标注、框选、位置、图层选择、查询等操作。

7. 视频监控子系统

视频监控子系统通过安装在农机接入终端侧的视频采集

摄像头，实现在平台侧监控农机装备现场的相关媒体信息，主要功能如下。

（1）视频查看。通过与农机管理子系统关联，实现按照农机装备终端查看相关视频信息的功能，并提供云端操作界面，实现前端摄像头的上、下、左、右、拉伸、缩放等控制操作。

（2）快照查看。由于农机现场侧视频信息最终通过无线通信方式接入到视频监控子系统，视频查看功能要求前端摄像头实时在线并保持流媒体连接，会产生大量的数据流量。快照查看功能根据农机管理子系统中的配置参数定义触发拍照逻辑，按照时间产生快照信息，在实现农机现场侧媒体信息查看的同时，节省网络流量带宽。

（3）视频告警。视频告警为可选功能，通过对流媒体视频的实时后台分析，对视频内容进行进一步的行为分析，可实现驾驶员疲劳驾驶告警等功能。

8. 远程调度子系统

远程调度子系统和农机接入终端匹配实现农机装备的远程调度服务，主要功能如下。

（1）信息推送。信息推送功能指农机调度人员编辑相关调度的提示信息，并下发到农机接入终端上面。通过调用电子地图子系统和农机管理子系统功能可实现信息按照地图区域范围和按照农机类型、所属单位批量推送。

（2）农机呼叫。农机呼叫实现在计算机信息平台侧与农机现场双向语音交流。

（3）远程控制。远程控制功能通过读取农机管理子系统中农机控制命令参数，下发到农机接入终端，并由农机接入终端通过农机总线实现具体的控制命令。远程控制包含手工控制模式和自动控制模式，手工控制允许调度人员通过计算机平台选择特定农机终端进行远程控制。自动控制模式允许操作员在平台侧根据地理位置信息或地图位置信息设置自动控制逻辑，并配合农机定位子系统采集相关信息实现农机装备的自动控制。

（4）导航服务。导航服务通过计算机信息平台侧对信息的融合，向农机接入终端提供实时路况、地址查询、路线规划、路口提醒等服务。

9. 用户门户

用户门户汇聚计算机信息平台侧各个子系统的业务功能，并向调度人员提供操作界面。调度人员按照不同角色加载不同的业务功能。门户功能如下。

（1）用户登录。用户由运营维护子系统创建，用户登录功能要求只有授权用户才能使用门户相关功能。

（2）位置管理。按照不同的用户权限，用电子地图方式列出当前用户有权限查看的农机装备相关位置信息，支持关键字查找、框选查找功能，也支持地图点击农机装备后查看农机装备的详细信息。

（3）农机装备查看。农机装备查看包含位置信息、属性信息和多媒体信息的查看功能。其中，位置信息包含当前位置和历史轨迹；属性信息指农机基本信息、操作员信息、通信终端信息和其他信息；多媒体信息包含视频信息和快照信息。

（4）农机调度。农机调度功能实现对农机装备的调度管理，包含调度指令下发、调度命令下发和双向信息交流功能。

调度指令下发指农机调度人员通过业务门户以文本方式向特定或区域内农机设备发送调度提醒信息，农机操作员通过农机接入终端实现信息的接收阅读。

调度命令下发指农机调度人员通过业务门户以命令方式向单个农机或区域内批量农机发动远程调度命令，实现农机装备的远程控制。

双向信息交流指农机调度人员通过业务门户查找特定的农机或农机操作员，通过农机接入终端接入计算机平台实现双向的语音交流。

（5）告警设置。告警设置功能实现计算机信息平台侧定义的相关业务逻辑，并根据农机实时位置进行逻辑判断，是否触发逻辑条件。告警设置包含地理位置触发设置和车辆状态触发设置两类。

地理位置触发设置又称为“电子围栏”，用户按照农机装备和地理位置设置监控范围和相关触发条件，设置生效后，平台根据农机装备上报的地理位置信息进行匹配判断，一旦符合逻辑条件，即可自动触发告警逻辑。

车辆状态触发设置通过农机状态参数设置阈值和相关触发条件，并通过平台侧接收农机接入终端上报的车辆状态信息进行条件判断，一旦符合逻辑条件，即可自动触发告警逻辑。

（6）统计报表。统计报表功能实现按照不同的农机装备信息和时间统计相关报表，包含农机超速报表、农机形势历程报表等。

（7）操作日志。操作日志记录用户在门户的操作信息日志，可按照时间和操作类别进行查找。

10. 管理员门户

管理员门户除实现用户门户的所有功能外，还汇聚计算机信息平台侧各个子系统的管理支撑功能，并向平台运营管理人员提供操作界面。管理人按照不同的角色加载不同的管理功能。门户功能如下。

（1）客户管理。客户管理是维护客户属性信息，实现客户的增加、删除、修改和查询功能。

（2）用户管理。用户管理是维护用户属性信息，实现用户的增加、删除、修改和查询功能。可设置用户角色和用户密码信息。

（3）角色管理。角色管理是维护角色属性信息，实现角色的增加、删除、修改和查询功能。

（4）权限管理。权限管理是维护权限描述信息，实现权限描述信息的增加、删除、修改和查询功能，并实现角色的权限操作关联和角色的可操作区域的关联。

（5）农机管理。农机管理是维护农机属性信息，包含操作员信息、通信终端信息和其他信息。维护农机参数设置信息，包含农机终端参数、农机状态采集参数和农机控制命令参数。

（6）系统设置。系统设置是维护系统平台侧系统参数，修改当前管理员的密码和相关属性信息。

（7）统计报表。统计报表是提供完整数据信息的统计报表服务，并可按客户纬度对报表进行浏览。

（8）操作日志。操作日志是提供完整数据信息的日志查询服务，并可按照操作员查询日志信息。

四、北斗农机信息化管理系统案例

中海达农机信息管理平台基于北斗高精度定位技术，通过农机数据管理，实现农机状态、作业监控、作业实施进度、任务管理、质量监测、天气状况等功能优势，及时、全面、准确地掌握农机作业进度，作业机具、机手等信息，进而采取相应调控以及跨区域作业应急调度等措施，解决了人工核查统计工作量大、时间长、成本高等难题，节省大量的人力、物力和财力，加强管理人员对农业机械化的宏观调控、农机跨区域作业市场有序运行，进而提高农机化作业效率和效益（图3-3、图3-4）。

图3-3　北斗导航犁地

图3-4　北斗导航收获

第四章
农业病虫害防治系统

第一节　病虫害防治技术

农业病虫害防治的基本技术如下。

一、农业防治法

根据栽培管理的需要，结合农事操作，有目的地创造有利于作物生长发育而不利于病虫害发生的农田生态环境，以达到抑制和消灭病虫的目的，称为农业防治法。其优点是不伤害天敌，能控制多种病虫，作用时间长，经济、安全、有效。它是综合防治的基础。

农业防治的主要措施如下。

1. 选育、推广抗病虫品种

这是一项最经济、有效的病虫防治措施。特别是病害，选用抗病品种往往是防治措施中最根本的途径。目前，利用生物技术培育的抗虫棉（Bt棉）已进入应用阶段。

2. 改进耕作制度

农田若长期种植一种作物，会为病虫提供稳定的环境和丰富的食料，容易引起病虫的猖獗发生。合理的轮作换茬，不仅使作物健壮生长，抗性提高，而且，又可以恶化某些病虫的生活环境和食物条件，达到抑制病虫的目的，如水旱轮作等。

3. 运用合理的栽培技术

深耕改土、改进播种、合理密植、科学施肥与灌溉、适时中耕除草、改进收获方式等，都可使作物生长健壮，增强抗病虫能力，同时，又能阻止病虫发生。

二、物理防治法

利用各种物理因素和机械设备防治病虫害，称为物理防治法。此法简单易行，经济安全。

物理防治的主要措施如下。

1. 捕杀法

人工直接捕杀或利用器材消灭害虫的方法。如人工捕杀地老虎幼虫。

2. 诱杀法

利用害虫的趋光性和趋化性等趋性诱杀多种害虫。

3. 汰选法

利用风选、筛选和泥水、盐水浮选等方法，淘汰掉有病虫的种子、菌核、虫瘿等。

4. 温度处理

夏季利用室外日光晒种，能杀死潜伏在其中的害虫，烘干机也可以取得同样的效果。利用作物种子耐热力略高于病原物致死高温的特点进行温汤浸种，以消灭潜伏在种子内外的病原物。在北方地区，可在冬季对种子进行低温冷冻，消灭其中的害虫。新技术应用：近年来，国内外用红宝石、铵、二氧化碳激光器的光束杀死多种害虫。高频电流、超声波等防治储粮害虫也有很好的效果。

三、化学防治法

利用化学防治病虫害。化学防治在综合防治中占有非常重要的位置，在保证农业增产增收上一直起着重要作用。它具有以下优点。

一是防治效果显著，收效快。既可在病虫发生之前作为预防性措施，又可在病虫发生之后作为急救措施，迅速消除病虫危害，收到立竿见影的效果。使用方便，受地区和季节性限制小。

二是可大面积使用，便于机械化。防治对象广，几乎所有的作物病虫均可用化学农药防治。可工业化生产、远距离运输和长期保存。

化学防治法有其局限性，由于长期、连续、大量使用化学农药，相继出现了一些新问题，例如，病、虫、草产生抗药性，化学防治成本上升，破坏生态平衡，污染环境等。在使用过程中应充分认识化学防治的优缺点，趋利避害，扬长避短，使化学防治与其他防治方法相互协调，配合使用。

四、生物防治法

利用有益生物或有益生物的代谢产物来防治病虫害，称为生物防治法。生物防治法的优点是对人畜安全，不污染环境，控制病虫作用比较持久，一般情况下，病虫不会产生抗性。因此，生物防治是病虫防治的发展方向。

生物防治的主要措施如下。

1. 以虫治虫

利用天敌昆虫来防治害虫。天敌昆虫有捕食性和寄生性两大类。

利用天敌昆虫防治害虫的主要途径有3个方面：第一，保护、利用自然天敌昆虫；第二，繁殖和施放天敌昆虫；第三，引进天敌昆虫。

目前我国在试验应用赤眼蜂、金小蜂、肉食性瓢虫、草蛉等防治松毛虫、玉米螟、棉红铃虫、棉蚜等害虫，已取得了一定成效。

2. 以菌治虫

利用微生物或其代谢产物控制害虫总量。

我国生产的细菌杀虫剂主要是苏云金杆菌类的杀螟杆菌、青虫菌、红铃虫杆菌等。真菌杀虫剂主要是白僵菌。病毒杀虫剂主要是核多角体病毒。

3. 以菌治病

利用微生物分泌的某种特殊物质，抑制、溶化或杀伤微生物。

这种特殊物质称为抗生素，能产生抗生素的菌类称为抗生菌。抗生菌主要是放线菌和真菌中的一些种类。目前推广应用的抗生素有井冈霉素、春雷霉素、多抗霉素、公主岭霉素、抗霉菌素120、农用链霉素、新植霉素等。

一些抗生素如齐螨素、浏阳霉素都具有杀虫、杀螨作用。

五、植物检疫

植物检疫是根据国家颁布的法令，设立专门机构，对国外输入和国内输出以及国内地区之间调运的种子、苗木及农产品等进行检疫，禁止或限制危险性病、虫、杂草的传入和输出，或者在传入以后限制其传播，消灭其危害，这一整套工作称植物检疫，它是综合防治的前提。

植物检疫分对内检疫和对外检疫。对内检疫又称国内检疫，主要任务是防止和消灭通过地区间调运种子、苗木及其他农产品等而传播的为害性强的病、虫及杂草。对外检疫又称国际检疫，国家在沿海港口、国际机场及国际交通要道设立植物检疫机构，对进出口和过境的应该检疫的植物及其产品进行检验和处理，防止国外新的或在国内局部发生的为害性强的病、虫、杂草的输入，同时，也防止国内某些为害性强的病、虫、杂草的输出，履行国际植检义务。

凡被列入植物检疫对象的，都是有为害性的病、虫、杂草，它们的共同特点是：一是局部地区发生的；二是危险性大、繁殖力强、适应性广、难以根除的；三是可人为随种子、苗木、农产品调运作远距离传播的。例如，柑橘溃疡病、水稻细菌性条斑病、棉花黄萎病等都是植检对象，在疫区给农业生产都造成重大威胁。因此，自觉地严格执行植物检疫条例，做好植物检疫工作，具有十分重大的意义。

第二节　植物病虫害的调查统计

要做好病虫害防治工作，首先必须掌握病虫害在田间的动态，这就需要我们经常到田间进行调查研究，对调查所得的数据进行统计分析。

一、植物病虫害调查的内容

病虫害调查一般分为普查和专题调查两类。普查只了解病虫害的基本情况，如病虫种类、发生时间、为害程度、防治情况等。专题调查是有针对性的重点调查。在病虫的防治过程中，经常要进行以下内容的调查。

1. 发生和为害情况调查

普查一个地区在一定时间内的病虫种类、发生时间、发生数量及危害程度等。对于当地常发性和暴发性的重点病虫，则应详细记载害虫各虫态的始盛期、高峰期、盛末期和数量消长情况或病害由发病中心向全田扩展的增长趋势及严重程度等，为确定防治时期和防治对象提供依据。

2. 病虫或天敌发生规律的调查

专题调查某种病虫或天敌的寄主范围、发生世代、主要习性及不同农业生态条件下数量变化的情况，为制定防治措施和保护利用天敌提供依据。

3. 越冬情况调查

专题调查病虫越冬场所、越冬基数、越冬虫态、病原越冬方式等，为制定防治措施和开展预测预报提供依据。

4. 防治效果调查

防治效果调查包括防治前与防治后、防治区与不防治区的发生程度对比调查，病虫害次数的发生程度对比调查以及不同防治时间、采取措施等为选择有效防治措施提供依据。

当前，病虫害调查的主要方法有人工调查、诱捕装置计数、遥感设备分析等手段。人工调查是传统手段，人工对田间地头的害虫进行计数。人们用肉眼观察和计数样本中害虫的个体或用肉眼观察估计病斑大小占叶面积的比率，病虫害调查数据的准确性受人的主观因素影响很大，对于病害观测粗放，而且调查工作很辛苦，劳动强度很大。

诱捕装置计数是在诱捕装置上对诱捕到的害虫计数，作为调查结果，通过在调查区域合理分布诱捕装置，可以起到节省调查人力，快速实现统计的目的。近些年还发展出各种改进的信息化技术，例如，用数码相机将黄板诱集和搪瓷盘收集的农田蚜虫拍照后，利用图像处理方法对这些图像进行分割、检测和连通域计算，从而实现麦蚜、棉蚜、菜蚜、白粉虱等体小、量大的害虫的自动计数。

遥感设备分析是通过对遥感设备（如摄像或照相设备）获得的图像进行图像识别，以识别的害虫数量作为调查结果的调查方式。上述的改进诱捕分析方法实际是遥感分析和诱捕调查方法的结合。遥感分析方式可以快速获得病虫害调查结果，省时省力，但由于病虫种类较多，遥感分析的准确率受到清晰度、远近、天气、光线等众多因素影响。另外，虽然远距离遥感分析对于病虫害调查其精确性尚存在缺陷，该技术在分析病虫害造成的损害、实施虫害控制方面具备较高的价值。

二、植物病虫害调查方法

1. 取样方法

取样必须有代表性，这是正确反映田间病虫害发生情况的重要环节。取样的地段称为样点，样点的选择和取样数目的多少是由病虫种类、田间分布类型等决定的。最常用的病虫调查取样方法有：五点取样、对角线取样、棋盘取样、平行线取样、“Z”字形取样等。

（1）五点取样法。从田块四角的2条对角线的交驻点（即田块正中央）以及交驻点到四个角的中间点等五点取样；或者在离田块四边4～10步远的各处随机选择5个点取样，是应用最普遍的方法。

（2）对角线取样法。调查取样点全部落在田块的对角线上，可分为单对角线取样法和双对角线取样法两种。单对角线取样方法是在田块的某条对角线上，按一定的距离选定所需的全部样点。双对角线取样法是在田块四角的两条对角线上均匀分配调查样点取样。2种方法可在一定程度上代替棋盘式取样法，但误差较大。

（3）棋盘式取样法。将所调查的田块均匀地划成许多小区，形如棋盘方格，然后将调查取样点均匀分配在田块的一定区块上。这种取样方法多用于分布均匀的病虫害调查，能获得较可靠的调查。

（4）平行线取样法。在桑园中每隔数行取一行进行调查。本法适用于分布不均匀的病虫害调查，调查结果的准确性较高。

（5）“Z”字形取样法（蛇形取样）。取样的样点分布于田边多，中间少，对于田边发生多、迁移性害虫，在田边呈点片不均匀分布时用此法为宜，如螨等害虫的调查。

不同的取样方法适用于不同的病虫分布类型。一般来说，单对角线式、五点式适用于田间分布均匀的病虫，而双对角线式、棋盘式、平行线式适用于田间分布不均匀的病虫，

“Z”字形取样则适用于田边分布比较多的病虫。

2. 记载方法

病虫害调查记载是调查中的一项重要工作，无论哪种内容的调查都应有记载。所有的记载应妥善保存。当地病虫害发生档案作为历年病虫害发生的历史记录，对本地区病虫害预测预报有重要作用。记载是摸清情况、分析问题和总结经验的依据。记载要准确、简要、具体，一般都采用表格形式。表格的内容、项目可依据调查目的和调查对象设计。对测报等调查，最好按统一规定，以便积累资料和分析比较。通常在进行群众性的测报调查时，首先进行病虫发生情况的调查：一是调查病虫为害植物的发生期，以确定防治时间；二是调查病虫田间的发生数量，以确定防治对象田，即“两查两定”。

三、植物病虫害调查统计

对调查记载的数据资料要进行整理、计算、比较、分析，从中找出规律，才能说明问题。常用的分析数据包括被害率、虫口密度、病情指数、损失率，计算方式分别如下。

1. 被害率

该指标可反映病虫为害的普遍程度。计算方法如下。

被害率（%）=有虫（发病）单位数/调查单位总数×100

2. 虫口密度

该指标可反映在单位面积内的虫口数量。计算方法如下。

虫口密度=调查总虫数/调查总单位数

虫口密度也可用百株虫数表示。

百株虫数=查得总活虫数/调查总株数×100

3. 病情指数

该指标可反映病情严重的程度。根据取样点的每个样本，按病情严重度分级标准，调查出各级样本数据，代入如下公式计算出病情指数。

病情指数=Σ（各级病株数×各级代表数值）调查总样本数×最高级代表数值

4. 损失率

损失是指产量或经济效益的减少。病虫所造成的损失应该以生产水平相同的受害田与未受害田的产量或经济总产值对比来计算，也可用防治区和不防治的对照区产量或经济总产值对比来计算。即：

损失率（%）=（未受害田平均产量或产值-受害田平均产量或产值）/未受害田平均产量或产值×100

第三节　农业病虫害防治系统

一、系统架构

农业物联网病虫害防治系统，利用物联网技术、模式识别、数据挖掘和专家系统技术，实现对设施农业病虫害的实时监控和有效控制。通过对作物有无患病症状、症状的特征及田间环境状况的仔细观察和分析，初步确定其发病原因，搞好作物病虫害防治的预警。准确地诊断，对症下药，从而收到预期的防治效果。农业病虫害防治系统的架构，如图4-1所示。

远程拍照式虫情测报灯

可监测虫情信息，并对虫情实时计数拍照，照片可上传至管理平台，系统自动预警。

远程拍照式孢子捕捉仪

监测病害病原菌孢子及花粉尘粒，拍照上传至云平台。

无线远程自动气象监测站

可采集田间墒情及环境数据，通过图形预警与灾情渲染模块，直观显示各地墒情情况。

远程视频监控系统

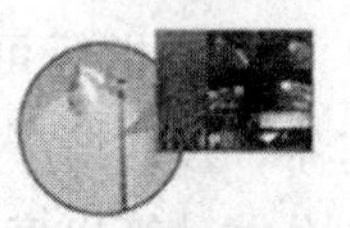

360° 全方位红外球形摄像机大视野覆盖，管理区域视频可实时查看。

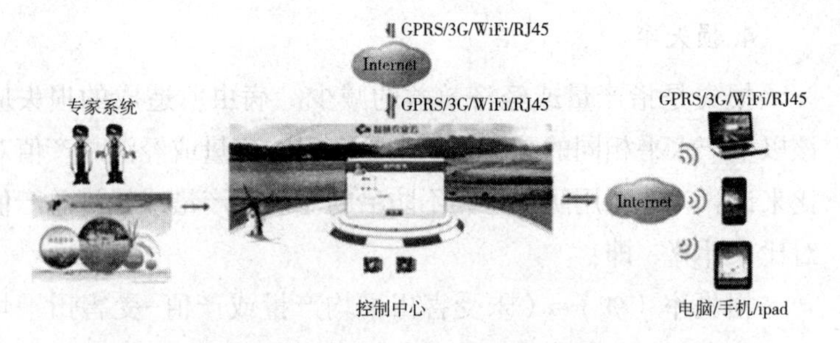

图4-1　农业病虫害防治系统的架构

二、系统平台

农业物联网病虫害防治系统平台包括物联网数据采集监测设备、智能化云计算平台、专家服务平台、系统管理员和服务终端五大部分。

1. 物联网数据采集监测设备

物联网数据采集监测设备，主要是使用无线传感器，实时采集环境中各种影响因子的数据信息、视频图像等，再通过中国移动TD/GPRS网络传输到专家服务平台，作为最基础的统计分析依据。

具体来说，是通过采集监测设备（如远程拍照式虫情测报灯、孢子捕捉仪、无线远程自动气象监测站、远程视频监控系统）自动完成虫情信息、病菌孢子、农林气象信息的图像及数据采集，并自动上传至云服务器，用户通过网页、手机即可联合作物管理知识、作物图库、灾害指标等模块，对作物实时远程监测与诊断，提供智能化、自动化管理决策，是农业技术人员管理农业生产的“千里眼”和“听诊器”。

2. 智能化云计算平台

智能化云计算平台利用智能化算法处理信息，建立病虫害预警模型库、作物生长模型库、告警信息指导模型库等信息库，实现对病虫害的实时监控，通过与实操相结合的告警信息让农户采取最佳的农事操作，实现对病虫害的有效控制。

3. 专家服务平台

专家服务平台整合大量的专家资源，以实现专家与农户的咨询、互动，农业专家可以根据历史数据进行分析，给出指导意见，并根据农户提供的现场拍摄图片给出解决方案，随时随地为农户提供专家服务。

4. 系统管理员

系统管理员为不同级别的用户提供不同的使用权限，使得政府农业主管部门、合作社、农业专家、农户等不同的使用角色登录不同的界面，可方便快捷地查看到用户最关注的问题，在设施面积较大的情况下便于管理、查看。

5. 服务终端

服务终端支持手机，用户通过手机就可以掌握实时信息，实现与专家互动交流。

三、托普云农病虫害防治系统案例

1. 病虫害防治系统简介

病虫害防治系统可以说是一套完整的农业物联网解决方案，该方案由多种信息化植保工具组成，既可以实现虫情信息、病菌孢子、农林气象信息的实时采集，还可以对这些数据进行上传分析，提高作物的病虫害监测防控能力。

托普云农的病虫害防治系统的设计主要运用了电子机械技术、无线传输技术、物联网技术、生物信息素技术等多项技术，集害虫诱捕和计数、环境信息采集、数据传输、数据分析于一体，实现了害虫的定向诱集、分类统计、实时报传、远程检测、虫害预警的自动化、智能化，具有性能稳定、操作简便、设置灵活等特点，可广泛应用于农业害虫、林业害虫、仓储害虫等监测领域。

在玉米育种工作中，运用这种病虫害防治系统能够实现玉米地虫情信息、病菌孢子、农林气象信息的图像及数据自动采集以及远距离传输功能，真正实现了玉米生产的远程管理，而且能够提高玉米病虫害的防治效果，提高玉米生产产量和生产品质。

该系统已实现与手机端、平板电脑端、PC电脑端无缝对接。方便管理人员通过手机等移动终端设备随时随地查看系统信息，远程操作相关设备。

2. 病虫害防治系统的数据采集

托普云农病虫害防治系统中数据采集是实现信息化管理、智能化控制的基础。由于农业行业的特殊性，传感器不仅布控于室内，还会因为生产需要布控于田间、野外，深入土壤或者水中，接受风雨的洗礼和土壤水质的腐蚀，对传感器的精度、稳定性、准确性要求较高。

（1）远程可拍照式虫情测报灯。改变了测报工作的方式，简化了测报工作流程，保障了测报工作者的健康。

（2）远程可拍照式孢子捕捉仪。专为收集随空气流动、传染的病害病原菌孢子及花粉尘粒而研制，主要用于检测病害孢子存量及其扩散动态，为预测和预防病害流行、传染提供可靠数据。收集各种花粉，以满足应用单位的研究需要。设备可固定在测报区域内，定点收集特定区域孢子种类及数量通过在线分析并实时传输到管理平台。

（3）无线田间气象站（特点）。

①可远程设置数据存储和发送时间间隔，无需现场操作；

②带摄像头，可实时拍照并上传至平台，实时了解田间及作物情况；

③太阳能供电，可在野外长期工作；

④可配置土壤水分、土壤温度、空气温湿度、光照强度、降雨量、风速风向等17种气象参数。

3. 病虫害防治系统功能

（1）随时随地查看园区数据。

虫情数据：虫情照片、统计计数等；

病情数据：病害照片、统计孢子情况；

植物本体数据：果实膨大、茎秆微变化、叶片温度等；

园区三维图综合管理，所有监控点直观显示，监测数据一目了然；

设备状态：测报灯、孢子捕捉仪、杀虫灯等设备工作状态、远程管理等。

（2）随时随地查看园区病虫害情况。病虫害防治系统通过搭建在田间的智能虫情监测设备，可以无公害诱捕杀虫，绿色环保，同时，利用GPRS/3G移动无线网路，定时采集现场图像，自动上传到远端的物联网监控服务平台，工作人员可随时远程了解田间虫情情况与变化，制定防治措施。通过系统设置或远程设置后自动拍照将现场拍摄的图片无线发送至监测平台，平台自动记录每天采集数据，形成虫害数据库，可以各种图表、列表形式展现给农业专家进行远程诊断。

可远程随时发布拍照指令，获取虫情照片，也可设置时间自动拍照上传，通过手机、电脑即可查看，无需再下田查看。

昆虫识别系统，自动识别昆虫种类，实现自动分类计数。

历史数据可按曲线、报表形式展现，清晰直观查看所有。监测设备的监测数据。

千倍光学放大显微镜可定时清晰拍摄孢子图片，自动对焦，自动上传，实现全天候无人值守自动监测孢子情况。

（3）墒情监测。各省包含众多市县级乡镇地区，如此庞大的种植面积，用报表很难将全省的墒情形象展示出来。图形预警与灾情渲染模块，正是为了解决这个问题而设置。

平台将灾情按严重程度分为不同颜色，并在省级行政图中以点的形式表示，只要一打开平台的行政区域图，即可直观显示省内各区域的墒情情况如何（图4-2）。

（4）灾情监控。管理区域内放置360°全方位红外球形摄像机，可清晰直观的实时查看种植区域作物生长情况、设备远程控制执行情况等、实时显示监控区域灾情状况。

增加定点预设功能，可有选择性设置监控点，点击即可快速转换呈现视频图像。

（5）专家系统。该系统可将病虫害防治专家信息及联系方式全部集中到一起，用户可连线专家咨询病虫为害防治难题。

（6）任务设置，远程自动控制。实现对病虫情监测设备的远程监管与控制，设备工作情况可远程管理。

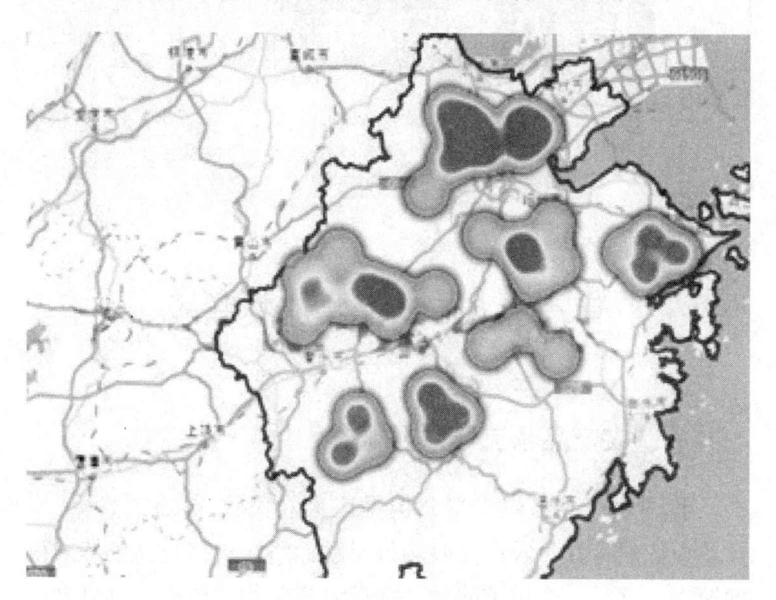

图4–2　不同程度的灾情

第五章 农产品智能物流追溯体系

第一节　农产品物流物联网

一、农产品物流物联网概述

我国农产品虽然丰富，但是广大农民收入依然微薄，城乡差距依然存在，农产品收购价暴跌而终端价格较高依然未得到解决，这是一个民生问题。降低农产品物流成本，可以推动我国农村经济的发展，切实增加农民收入，缩小城乡差距。

农产品物流物联网指的是运用物联网技术把农产品生产、运输、仓储、智能交易、质量检测及过程控制管理等节点有机结合起来，建立基于物联网的农产品物流信息网络体系。农产品物流物联网是以食品安全追溯为主线，集农产品生产、收购、运输、仓储、交易、配货于一体的物联网技术的集成应用。应用感知技术（电子标签技术、无线传感技术、GPS定位技术和视频识别技术等），构建各流通环节的智能信息采集节点，通过网络技术（无线传感网络、3G网络、有线宽带网络、互联网等），将各个节点有机地结合在一起，通过数据库技术、智能信息处理技术，对农产品生产、加工、运输、仓储、包装、检测和卫生等各个环节进行监控，建立可追溯的完整供应链数据库。物联网技术在农产品物流过程的集成应用，可以提高基础设施的利用率，减少农产品物流货损值，提高农产品物流整体效率，优化农产品物流管理流程，降低农产品物流成本、实现农产品电子化交易，推进传统农产品交易市场向现代化交易市场的整体改造、提高农产品（食品）质量安全，实现农产品从农田（养殖基地）到餐桌的全过程、全方位可溯源的信息化管理。

二、农产品物流物联网的特点

基于物联网技术的现代农产品物流是以先进的物联网信息感知技术为基础，注重服务、人员、技术、信息与管理的综合集成，能够快速、实时、准确地进行信息采集和处理，是农产品物流领域现代生产方式、现代经营管理方式和现代信息技术相结合的综合体现。它强调农产品物流的标准化和高效化，以相对较低的成本提供较高的客户服务水平。农产品物流物联网具有多项特点。

1. 农产品供应链的可视化

从农产品生产、加工、供应商到最终用户，通过使用物联网技术，农产品在整个供应链上的分布情况以及农产品本身的信息都完全可以实时、准确地反映在信息系统中，使得整个农产品供应链和物流管理过程变成一个完全透明的体系。同时，实时、准确的农产品供应链信息，使得整个系统能够在短时间内对复杂多变的市场作出快速反应，提高农产品供应链对市场变化的适应能力。

2. 农产品物流企业资产管理智能化

农产品自身的生化特性和食品安全的需要决定了它在基础设施、仓储条件、运输工具和质量保证技术手段等方面具有相对专用的特性。在农产品储运过程中，需采取低温、防潮、烘干、防虫害、防霉变等一系列技术措施，以保证农产品的使用价值。它要求有配套的硬件设施，包括专门设立的仓库、输送设备、专用码头、专用运输工具和装卸设备等。并且农产品流通过程中的发货、收货及中转环节都需要进行严格的质量控制，以确保农产品品质。这是其他非农产品流通过程中所不具备的。

在农产品物流企业资产管理中使用物联网技术，对运输车辆等设备的生产运作过程通过标签化的方式进行实时的追踪，便可以实时地监控这些设备的使用情况，实现对企业资产的可视化管理，有助于企业对其整体资产进行合理规划应用。

3. 农产品物流信息同步化、采集自动化

由于农业生产的季节性，农业生产点多面广，消费农产品的地点也很分散，农产品的运输都具有时间性强和地域分布不均衡的特点，同时，由于信息交流的制约，农产品流通流向还会出现对流、倒流、迂回等不合理运输现象。各种农产品的收获季节也是农产品的紧张运输期，在其他时间运输量就小得多，这就决定了农产品运输在农产品流通中的重要地位，要求运输工具的配备和调动与之相适应。近几年里，从“蒜你狠”“豆你玩”“姜你军”“辣翻天”“玉米疯”的高价到菜农因蔬菜收购价太低而弃收的现象，说明了我国农产品市场供求关系存在很多问题。

农产品供应链管理是农产品生产、加工、流通企业最有力的竞争工具之一。农产品物流物联网系统在整个农产品供应链管理、设备保存、车流交通和加工工厂生产等方面，实现信息采集、信息处理的自动化及信息的同步化，为用户提供实时准确的农产品状态信息、车辆跟踪定位、运输路径选择、物流网络设计与优化等服务，减少了信息失真的现象，有效控制了供应链管理中的"牛鞭效应"。也可以利用传感器监测追踪特定物体，包括监控货物在途中是否受过震动、温度的变化对其是否有影响、是否损坏其物理结构等，大大提升物流企业综合竞争能力。

4. 农产品物流组织规模化

我国是一个以农户生产经营为基础的农业大国，大多数农产品是由分散的农户进行生产的，相对于其他市场主体，分散农户的市场力量非常薄弱，他们没有力量组织大规模的农产品流通。基于物联网技术的农产品物流系统能够实现农产品物流管理和决策智能化，实现农产品物流的有效组织。例如，库存管理、自动生成订单和优化配送线路等。与此同时，企业能够为客户提供准确、实时的物流信息，并能降低运营成本，实现为客户提供个性化服务，大大提高了企业的客户服务水平。

三、农产品物流物联网的主要技术

物联网主要技术体系包括感知技术体系、通信与网络传输技术体系和智能信息处理技术体系。下面我们依次针对这几个技术体系在农产品物流上的应用，加以介绍。

1. 农产品物流常用的物联网感知技术

射频识别（RFID）技术用于农产品的感知定位、过程追溯、信息采集、物品分类拣选等；GPS技术用于物流信息系统中以实现对物流运输与配送环节的车辆或物品的定位、追踪、监控与管理：视频与图像感知技术目前还停留在监控阶段，不具备自动感知、识别及智能处理的功能，需要人工对图像进行分析。在物流系统中主要作为其他感知技术的辅助手段，往往会与RFID和GPS（全球定位系统）等技术结合应用。也常用来对物流系统进行安防监控，物流运输中的安全防盗等。传感器感知技术及传感网技术相较于RFID和GPS等技术较晚使用在物流领域。传感器感知技术与GPS和RFID等技术结合应用，主要用于对粮食物流系统和冷链物流系统的农产品状态及环境进行感知；扫描、红外、激光和蓝牙等其他感知技术主要用在自动化物流中心自动输送分拣系统，用于对物品编码自动扫描、计数、分拣等方面，激光和红外也应用于物流系统中智能搬运机器人的引导。

2. 农产品物流常用的物联网通信与网络传输技术

在物流系统中，农产品加工物流系统的网络架构，往往都是以企业内部局域网为主体建设独立的网络系统。

在农产品物流公司，由于农产品地域分散，并且货物在实时移动过程中，因此，物流的网络化信息管理往往借助互联网系统与企业局域网相结合应用。在物流中心，物流网络往往基于局域网技术，也采用无线局域网技术和组建物流信息网络系统。在数据通信方面，往往是采用无线通信与有线通信相结合。

3. 农产品物流物联网常用的智能信息处理技术

以物流为核心的智能供应链综合系统、物流公共信息平台等领域常采用的智能处理技术有智能计算技术、云计算技术、数据挖掘技术和专家系统等智能技术。

四、农产品物流物联网系统总体架构

物联网是通过以感知技术为应用的智能感应装置采集物体的信息，把任何物品与互联网连接起来，通过传输网络，到达信息处理中心，最终实现物与物、人与物之间的自动化信息交互与处理的智能网络。它包括了感知层、网络层和应用层3个层次。农产品物流物联网整体技术架构，如图5-1所示。

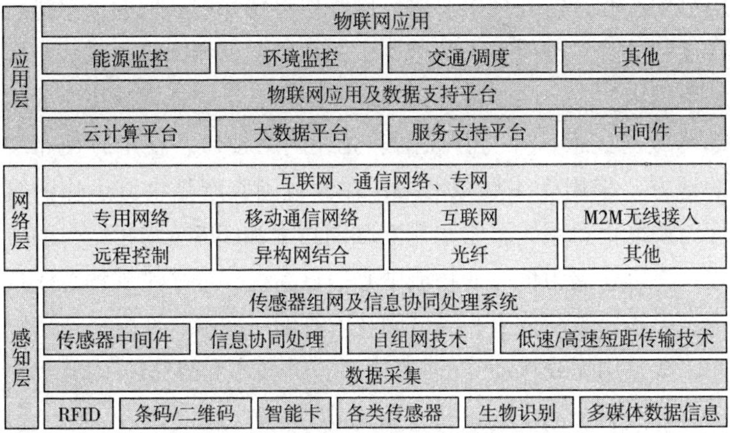

应用层
物联网应用
能源监控　环境监控　交通/调度　其他
物联网应用及数据支持平台
云计算平台　大数据平台　服务支持平台　中间件

网络层
互联网、通信网络、专网
专用网络　移动通信网络　互联网　M2M无线接入
远程控制　异构网结合　光纤　其他

感知层
传感器组网及信息协同处理系统
传感器中间件　信息协同处理　自组网技术　低速/高速短距传输技术
数据采集
RFID　条码/二维码　智能卡　各类传感器　生物识别　多媒体数据信息

图5-1　农产品物流物联网整体技术架构

1. 农产品物流物联网感知层

感知层主要包括传感器技术、RFID技术、二维码技术、多媒体（视频、图像采集、音频、文字）技术等。主要是识别物体，采集信息，与人体结构中皮肤和五官的作用相似。具体到农产品流通中，就是识别和采集在整个流通环节中农产品的相关信息。

在农产品物流中产品识别、追溯方面，常采用RFID技术、条码自动识别技术；分类、拣选方面，常采用RFID技术、激光技术、红外技术、条码技术等；运输定位、追踪方面，常采用GPS定位技术、RFID技术、车载视频识别技术；质量控制和状态感知方面。常采用传感器技术（温度、湿度等）、RFID技术和GPS技术。

2. 农产品物流物联网网络层

网络层包括通信与互联网的融合网络、网络治理中心、信息中心和智能处理中心等。网络层将感知层获取的信息进行传递和处理，类似于人体结构中的神经中枢和大脑。在一定区域范围内的农产品物流管理与运作的信息系统，常采用企业内部局域网技术，并与互联网、无线网络接口；在不方便布线的地方，采用无线局域网络；在大范围农产品物流运输的管理与调度信息系统，常采用互联网技术和GPS技术相结合的方式：在以仓储为核心的物流中心信息系统，常采用现场总线技术、无线局域网技术和局域网技术等网络技术；在网络通信方面，常采用无线移动356通信技术、3G技术和M2M技术等。

3. 农产品物流物联网应用层

应用层是物联网与行业专业技术的深度融合，与行业需求结合实现行业智能化，这类似于人的社会分工，终极构成人类社会。农产品流通物联网感知信息的获取、存储等云基础处理，采购、配货、运输物联网感知信息云应用服务和农产品流通信息服务云软件服务3个层面，构建农产品物流信息云处理系统、电子交易信息云服务系统、配货信息云服务系统、运输信息云服务系统和农产品流通信息服务系统，进行农产品流通物联网云计算资源的开发与集成，建立农产品物流物联网云计算环境及应用技术体系。面向农产品流通主体提供云端计算能力、存储空间、数据知识、模型资源、应用平台和应用软件服务，提高农产品物流信息的采集、管理、共享、分析水平，实现农产品流通要素聚集、信息融合，促进农产品物流产业链条的快速形成和拓展。

五、农产品配货管理系统

农产品配货管理物联网系统旨在利用RFID、RFID读写设备、移动手持RFID读写设备、移动车载RFID读写设备（仓储搬运车辆用）、Wi-Fi/局域网/Internet、IPv6、智能控制等现代信息技术，实现配货过程的仓储管理、分拣管理和发运管理。仓储管理，主要实现收货、质检、入库、越库、移库、出库、货位导航、库存管理、查询和采购单生成等功能：分拣管理，分拣管理系统主要实现分拣和包装的功能；发运管理，将包装好的容器，按照运输计划装入指定的车辆。

在发货出库区安装固定的RFID读取设备或通过手持设备自动对发货的货物进行识别读取标签内信息与发货单匹配，并进行发货检查确认。

六、农产品质量追溯系统

面对我国食品安全问题层出不穷的现状，只有不断发展农产品的质量安全追溯技术，才能解决农产品的安全问题。消费者也越来越关注自己所购买的商品是否有质量保证，是否存在安全隐患。食品安全问题已经迫在眉睫。

以农产品流通的全程供应链提供追溯依据和手段为目标，以农产品流通全过程流通链为立足点，综合分析各类流通农产品的特点，建立从采购到零售终端的产品质量安全追溯体系。以实现最小流通单元产品质量信息的准确跟踪与查询。

七、农产品运输管理系统

农产品运输物联网系统旨在利用RFID、RFID读写设备、移动手持RFID读写设备、智能车载终端、GPS/GPRS，Wi-Fi/Internet、IPv6、智能控制等现代信息技术等，实现运输过程的车辆优化调度管理、运输车辆定位监控管理和沿途分发管理。

车辆优化调度：主要实现运输车辆的日常管理、车辆优化调度、运输线路优化调度和货物优化装载等功能。

运输车辆定位监控管理：在途运行的运输车辆通过智能车载终端连接GPS和GPRS，实现运输途中的车辆、货物定位和货物状态实时监控数据上传到物联网的数据服务器，实现运输途中的车辆、货物定位和监测数据上传。

沿途配送分发管理：按照客户所在地分线路配送，沿途的各中转站在运输车辆经过时，用计算机自动识别电子标签，并自动分拣出应卸下的货物，并利用物联网的数据服务器做好相关的业务处理流程工作，然后各发散地按照规划的线路分发到客户手中。

八、农产品采购交易系统

农产品采购交易物联网系统旨在利用RFID、RFID读写设备、Internet、无线通信网络、3G、RFID、IPv6和智能控制等现代信息技术，实现采购过程的数据采集与产品质量控制管理，是农产品物流的全链条信息化管理的开始。

1. 电子标签制作与数据上传

生产基地生产出来的产品（采购部门采购回来的产品）在装箱之前制作好电子标签并通过手持式RFID读卡器或智能移动读写设备把信息通过网络传输到系统服务器的数据库中，由此开始了管理追踪农产品流通全过程。其信息主要包括品名、产地、数量、所占库位大小和预计到货时间等，并在物联网的数据服务器做好相关的业务处理工作，这样就能有效地为配送总部做好冷库储藏的准备和协调工作。

2. 采购单管理

采购单管理是主要根据库存信息、客户订单生成采购单，以便实现采购单管理。实现环境：RFID、RFID读写设备、移动RFID读写设备、无线通信网络、Internet网络和计算机等。

第二节　农产品智能冷链物流技术

一、农产品仓储保鲜技术

1. 冷库技术

冷库是维持生鲜农产品低温环境的基础设施，是仓储保鲜环节的核心。生鲜农产品城市配送具有小批量、多品种、高成本、高品质的特点，与此相适应，城市宅配中的冷库技术应

向多温区冷库、微型冷库、气调库、可移动式小冷库、自动化冷库、节能冷库等方向发展。

近些年，随着各行业对节能和安全要求的提高，诸多研究团队和公司对冷库的保温隔热材料以及制冷剂的选用进行了广泛研究。也有学者和研究团队从冷库优化运行管理角度出发，对现有冷库实行节能增效的管理模式进行研究。在欧盟开发的知识产权项目Frisbee中，提出了一种全新的技术方案来降低冷库的能耗成本。该方法综合考虑了天气预测、货物流通次数、开门次数、能源价格及可利用性、冷库储藏能力、技术限制等因素，运用科学的评估预测方法，获得未来24小时内最佳的冷库运行方案，极大地提高了冷库的节能效果。这对于提升生鲜农产品的品质、降低生鲜农产品城市宅配的运行成本，起到了重要作用。

2. 气调包装保鲜技术

气调包装保鲜技术是采用复合保鲜气体置换包装盒内的气体，使得果蔬置于一个不利于自身新陈代谢且抑制细菌生长繁衍的环境，从而提高食品品质的保鲜技术。气调包装保鲜技术能保证新鲜果蔬的原汁原味以及肉类的色泽和鲜嫩，满足了生鲜农产品物流中顾客对高品质食品的要求。气调包装保鲜技术从20世纪70年代开始在欧美的商业市场上应用于生鲜肉、水产品、蔬菜、水果及其他家庭即食食品的保鲜，而在我国还主要应用于对接大型超市的销售环节。目前，有企业已将气调包装保鲜技术成功应用到酱鸭的常温保鲜中，弥补了传统的高温杀菌造成的肉质下降以及低温杀菌不彻底的缺点。在不改变其原有风味的基础上，实现了常温保鲜2天的效果。气调包装保鲜膜及其相关设备的研发将是今后研究的重点，该技术与微冻技术、预冷保鲜技术的有机结合，也会成为推动生鲜农产品城市宅配发展的重要技术。

3. 冰温保鲜技术

冰温保鲜技术是将农产品置于0℃以下至冻结点以上的未冻结温度区域进行贮藏的方法。该方法的研究始于20世纪70年代，是继冷藏和气调贮藏之后的第三代保鲜技术。目前，冰温保鲜技术在日本、美国和韩国等一些国家得到了迅速发展，并在此基础上研发了超冰温技术、冰膜贮藏技术。

二、农产品冷链物流保鲜控制技术

1. 冷藏车技术

冷藏车为保证生鲜农产品的品质提供了硬件保障。目前，农产品物流专用冷藏车正向功能多样化、技术含量高、节能环保、自动监控等方向发展。多温区冷藏车、太阳能冷藏车在生鲜农产品物流中的应用进一步推动了冷藏车技术的发展。

2. 保温箱技术

保温箱是20世纪80年代初期在发达国家发展起来的一种高效物流技术装备，其优良的保温性以及灵活的配载形式能够满足生鲜农产品物流过程中“门对门”的物流要求。按照原理可将其分为机械式制冷保温箱和蓄冷式保温箱。机械式制冷保温箱类似于一个可移动冰箱，其可控性好，但成本较高。蓄冷式保温箱靠内部的蓄冷剂制冷，成本低廉，在生鲜农产品配送过程中有更广泛的应用前景。不过，诸多企业缺乏对保温箱的技术性研究。对某型号保温箱在配送过程中的温度变化情况进行实地调研可以看出，放置在普通冷藏车中的保温箱箱体内部的温度在初始3小时内逐渐下降至10℃，但随着保温箱外部环境的升高，箱体内部的温度又逐渐上升至12℃以上。其原因：一是蓄冷材料本身的物性和质量不能保证保温箱中始终维持所需的温度条件；二是冰袋的随意布置也无法达到最佳的传热效果。因此，保温箱中冰袋的布置和冷板的配装还需要规范化、标准化，才可以保证食品安全。

3. 智能终端自提柜

生鲜自提柜是指能够实现对生鲜农产品的识别、暂存、监控和管理，同时，还具有多个独立的制冷单元的智能设备。这是近几年兴起的一种生鲜农产品终端配送模式。客户下单后，配送人员将生鲜农产品送到顾客就近的生鲜自提柜，客户通过独立的动态密码即可在任意时间提取订购的生鲜产品。目前，通过快递自提方式来解决电商宅配问题，已经在境外普及开来。我国上海市、武汉市等地区的高档小区，也开始推行生鲜自提服务。宅配自提柜的推广应用，在减轻农产品电商的配送压力的同时，提升了顾客对生鲜农产品城市宅配的满意度。

三、农产品智能冷链物流管控技术

1. 冷链库存管理

生鲜农产品因在储存过程中易发生变质，致使其对库存条件及管理要求较高，由此带来了变质成本（损耗成本）的增加。为了降低库存成本，企业需要考虑产品变质率、产品需求量、价格折扣、货架期以及是否允许短缺等影响因素。

2. 冷链物流系统规划研究

冷链物流系统规划主要包括整体的布局问题、选址—分配、车辆—路径及选址—路径问题等，其主要目的是通过提升冷链的管理水平不断增强客户的满意度，加快服务的响应速度，使得设施、生产、库存及运输等费用最小化，降低冷链的运作成本。

3. 冷链质量安全与风险管理

截至目前，我国的冷链还处在发展的初级阶段，相关技术、设施及管理比较落后，冷链“断链”现象时有发生，这些因素加剧了生鲜农产品质量管理的风险。由于食品质量安全与食品安全风险管理相辅相成，如何保障冷链的质量安全就显得十分必要。国内外学者对冷链质量安全及风险管理的研究多集中在以下几个方面：温度控制、冷链溯源、冷链质量安全控制体系、供应链质量管理、质量信息管理。此外，在我国涉及的其他问题还较多，如缺乏对冷链系统的相关法律法规制定，冷链产品质量安全检查标准不统一，冷链物流环节“断链”问题，生产或捕捞、加工、库存、运输及销售等环节中存在不规范操作等。

第三节　农产品质量安全追溯系统

一、农产品质量安全溯源系统

1. 追溯的概念

追溯是指从供应链的下游至上游，是以一个或多个标准为基础鉴别供应链中特定产品的来源与特性的能力。追溯主要

用于发现质量问题的缘由、某些产品特性的准确性（有机农业、综合系统等），或检查产品流动的路径。

2. 农产品质量安全追溯系统

“农产品质量安全追溯系统”是一个能够连接生产、检验、监管和消费各个环节，让消费者了解符合卫生安全的生产和流通过程，提高消费者放心程度的信息管理系统。该系统提供了“从农田到餐桌”的追溯模式，提取了生产、加工、流通、消费等供应链环节消费者关心的公共追溯要素，建立了农产品安全信息数据库，一旦发现问题。能够根据溯源进行有效的控制和召回，从源头上保障消费者的合法权益。

3. 农产品质量安全追溯系统的实施

在农产品追溯系统中，对产品及其属性以及参与方的信息进行有效标识是基础，对相关信息的获取、传输以及管理是成功开展溯源的关键。实施农产品的溯源，要求系统具有“可靠、快速、精确、一致”的特点，有效地建立起农产品安全的“预警机制”。

（1）确定农产品供应链全过程中的溯源信息。建立各个环节信息定义、管理、传递和交换的方案，对供应链中原料、养殖/种植、加工、储藏、运输及销售等各个环节的相关信息进行采集和记录。供应链中所有的参与方需要就彼此之间交换信息的内容、表述和形式达成一致，而且不同参与方的标识必须一一对应，防止标识丢失。

（2）建立有效的信息系统。通过供应链中所有的参与方在信息交换、管理等方面的合作，实现各个环节信息的共享和关联。对于数据交换，为了确保信息流的连续性，每一个供应链的参与方必须将预定义的可追踪数据传递给下一个参与方，使后者能够对以前的环节进行信息追溯。同时，供应链中各参与方需要就有关数据保存期限达成一致，一般来说，数据文件的保存期限应当比产品的生命周期长；或者建设统一的数据中心，交由数据中心存储所有的数据。

（3）溯源操作步骤。在发生产品质量问题时，这些问题可以在供应链中的不同环节，由消费者、分销商或上游供应商发现，溯源步骤如下。

①发现质量问题。

②传递发现问题的有关信息。

③确定有关供应商的信息。

④确定有关的批号，要么在库存中，要么在运输中，要么已经销售出去。

⑤确定其他有相同质量问题的批号，并根据预案采取行动。

农产品溯源关系到人民的生活健康，必须事先制定相关预案，一旦在某个环节发现问题，需要根据预案中制定的步骤进行快速处理，确保使损失降到最低。

另外，农产品溯源按照不同标准可以有很多种分类，不同种类都有各自的特性和需求。在实现溯源系统时，首先需要考虑不同场景、不同种类溯源系统的需求，然后进行相应的系统架构设计，最后还要考虑产品化及系统实际部署。

二、农产品质量安全追溯管理

1. 生产环节的控制要求

（1）投入品记录。农产品生产过程的苗种、饲料、肥料、药物等投入品，在进货时，应收集进货票据，并进行登记。

（2）生产者建档。农产品生产者按“一场一档”的要求建立生产者档案。农业生产的管理部门应建立农产品生产基地和企业的档案，进行信息登记，并向登记的生产者发放“农产品产地标志卡”，内容应包括唯一性编号、基地名称或代号等信息。

（3）生产过程记录。种植过程记录内容包括种植的产品名称、数量、生产起始的时间、使用农药化肥的记录、产品检测记录。养殖过程记录包括养殖种类和品种、饲料和饲料添加剂、兽（鱼）药、防疫、病死情况、出场（栏）日期、各类检测等记录。

（4）销售记录。农产品从生产到流通领域时，农产品生产者做好销售记录。内容包括销售产品的名称、数量、日期、销售去向、相关质量状况等。

2. 从生产到流通的对接要求

生产领域的农产品进入流通领域时，应向流通领域提供相关农产品产地标识卡、产地证明或质量合格证明等；交易时应向采购方提供交易信息票据，内容应包括品名、数量、交易日期、供应者登记号等信息。

3. 农产品质量安全追溯管理各相关方职责

农产品生产企业是生产领域质量安全追溯管理第一责任人，进行生产质量安全的控制、农产品溯源台账的建立和管理等工作；农产品生产的管理部门负责组织生产领域农产品质量安全相关的培训、宣传；建立生产基地台账，发放相关产品产地标志。

4. 实行严格的产品质量控制制度

一是农产品出场时，生产者应进行农药残留或感官的自检；农业管理部门按监督检测制度实施农产品的抽查、检测，并公布检测结果。

二是生产者发现产品不合格时，应及时采取措施，不得将不合格品进入流通销售。当销售到流通环节的农产品被确认有安全问题时，生产者应做好追溯、召回工作。

三是农业生产的管理部门应督促进行质量安全的追溯。当不合格农产品已进入流通领域，要求生产企业召回不合格产品，按溯源流程进行不合格产品的追溯。

三、农业物联网在农产品溯源方面的应用

解决食品质量安全问题，必须抓好从源头到餐桌的监管工作。溯源建设作为食品安全管理中的一项重点工作，越来越被世界各国政府、企业和消费者所关注。我国是人口大国也是食品大国，党中央、国务院高度重视食品安全问题，1997—2006年先后颁布了一系列法规法律来规范食品安全管理，并积极引入溯源追溯管理技术，近年来，物联网技术的快速发展为农产品溯源提供了有效的技术保障。

1. 概述

农产品溯源技术是指利用RFID、条码等技术对某一农业个体的身份、产地、质量等相关信息进行精确标识与描述，实现对农业生产、流通过程的信息管理和农产品质量的追溯管理、农产品生产档案管理及质量安全溯源等功能。农产品溯源信息

技术是农业物联网实现农业物物相连和农业感知的关键技术之一，是实现农业精准化、精细化和智能化管理的前提条件。

农产品溯源技术可分为条码技术和RFID技术两大类。条码技术曾在快速精准的获取农业个体信息的过程中扮演重要角色，但存在识别速度慢、效率低、难以实现自动识别等缺点，而RFID技术则是一种非接触的自动识别技术，可以克服条码技术的以上不足，因而越来越受到研究者和农户的重视和青睐。

2. 条形码溯源技术

条形码技术是随着信息技术的发展和应用而诞生的，它是集编码、印刷、识别、数据采集和处理于一身的新型技术。条形码是指由一组规则排列的条、空及其对应字符组成的标识，用以表示一定的商品信息的符号，其中条为深色、空为浅色，用于条形码识读设备的扫描识读，其对应字符由一组阿拉伯数字组成，供人们直接识读或通过键盘向计算机输入数据使用，条空和相应字符所表示信息是相同的。条形码分为一维条形码和二维条形码两种（图5-2），一维条形码只是在一个方向表达信息，而在垂直方向则不表达任何信息，其一定的高度通常是为了便于阅读器的对准。二维条形码在水平和垂直方向的二维空间都存储信息。

图5-2　一维条形码和二维条形码

（1）条形码的特点。条形码作为一种图形识别技术，有如下特点。

①简单：条码符号制作容易，扫描操作简单易行。

②信息采集速度快：普通计算机键盘录入速度是200字符/分钟，而利用条码扫描录入信息的速度是键盘录入的20倍。

③采集信息量大：利用传统的一维条形码1次可采集几十位字符的信息，二维条形码更可以携带数千个字符的信息，并有一定的自动纠错能力。

④可靠性强：键盘录入数据，误码率为1/300，利用光学字符识别技术，误码率约为万分之一，而采用条码扫描录入方式，误码率仅为百万分之一，首读率可达98%以上。

⑤灵活、使用：条码符号作为一种识别手段可以单独使用，也可以和有关设备组成识别系统实现自动化识别，还可以和其他控制设备联系起来实现整个系统的自动化管理。同时，在没有自动识别设备时，也可以实现手工键盘输入。

⑥自由度大：识别装置与条码标签相对位置的自由度要比光学字符识别（OCR）大得多。

⑦设备结构简单、成本低：条码符号识别设备的结构简单，容易操作，无须专门训练。与其他自动化技术相比，推广应用条码技术所需费用较低。

（2）条形码在农业物联网中的应用。条码技术在农业物联网中的应用主要包括被读类业务和主读类业务。主读类业务是指用户在手机上安装条码客户端，使用手机拍摄并识别媒体、报纸等上面印刷的条码图片，获取条码所存储内容并触发相关应用（图5-3）。被读类业务是指，农业物联网应用平台将条码通过彩信发到用户手机上，用户持手机到现场，通过条码机具扫描手机进行内容识别（图5-4）。

图5-3 条码主读类业务

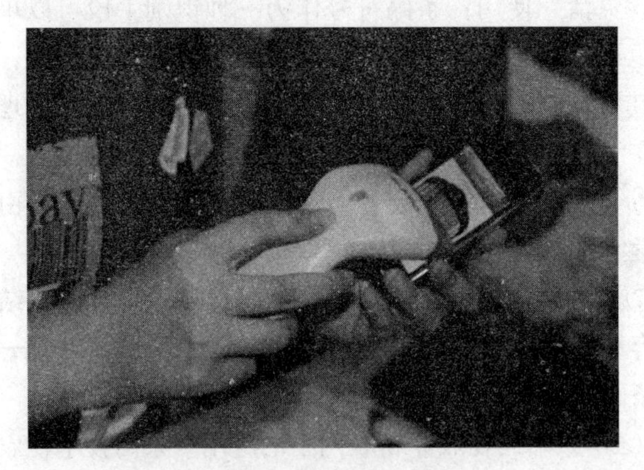

图5-4 条码被读类业务

二维码在农业生产经营管理中已有广泛应用。2012年江苏省无锡宜兴市在渔业科技示范户中试点启用了二维码螃蟹质量监管系统，只要用装有二维码识读软件的手机或者“读卡器”，对螃蟹包装标签上的二维码进行识读，就能立刻显示出包装大闸蟹的详细信息。这一质量监管溯源举措，从源头上真正解决了宜兴蟹的质量安全问题，可确保螃蟹从产地到消费过程的安全，从而实现了科学有效监管。

2012年2月，沈阳市首台“蔬菜二维码查询机”亮相沈阳兴隆大家庭超市。上超市买菜，只需将菜放在它面前一扫，该蔬菜的产地、种植、施肥及用药情况甚至种植的村子、农户的情况都显示出来。“蔬菜二维码查询机”有效解决了传统维权流程复杂、信息不明的问题，通过整合移动互联网信息化手段，为消费者提供了便捷的维权手段，只需通过“蔬菜二维码查询机”简单扫描，即可查询到食品的产地、企业、产品类型等信息，实现了商品蔬菜的来源可追、流通可查、质量可溯，让广大市民感觉更直观、更方便、更放心（图5-5）。

图5-5　二维码应用于蔬菜产品溯源

3. RFID溯源技术

（1）RFID溯源技术概述。射频识别即RFID技术，又称电子标签、无线射频识别，是一种通信技术，可通过无线电讯号识别特定目标并读写相关数据，而无需识别系统与特定目标之间建立机械或光学接触。常用的有低频（125～134.2K）、高频（13.56MHz）、超高频，无源等技术。RFID读写器也分移动式的和固定式的，目前RFID技术应用很广，如图书馆，门禁系统，食品安全溯源，移动订票等。

电子标签RFID主要有七大特点。

①快速扫描：条形码1次只能有1个条形码受到扫描；RFID辨识器可同时辨识读取数个RFID标签。

②体积小型化、形状多样化：RFID在读取上并不受尺寸大小与形状限制，不需为了读取精确度而配合纸张的固定尺寸和印刷品质。此外，RFID标签更可往小型化与多样形态发展，以应用于不同产品。

③抗污染能力和耐污性强：RFID对水、油和化学药品等物质都具有很强抵抗性。此外，RFID卷标是将数据存在芯片中，因此可以免受污损。

④可重复使用：RFID标签可以重复地新增、修改、删除RFID卷标内储存的数据，方便信息的更新。

⑤穿透性和无屏障阅读：在被覆盖的情况下，RFID能够穿透纸张、木材和塑料等非金属或非透明的材质，并能够进行穿透性识别，识别距离一般可达十几米。

⑥数据存储量大：RFID最大的容量可达到8KB，远远超过条码的存储量。随着记忆载体的发展，数据容量也有不断扩大的趋势。

⑦安全性好：由于RFID承载的是电子式信息，其数据内容可经由密码保护，使其内容不易被伪造及变造。

（2）RFID溯源技术在农业物联网中的应用。RFID在农业物联网中的典型应用主要包括动物跟踪与识别、数字养殖、精细作物生产、农产品流通等。

动物识别与跟踪是指利用特定的标签，以某种技术手段与拟识别的动物相对应，并能随时对动物的相关属性进行跟踪与管理的一种技术。对各种动物进行识别与跟踪，能够加强对外来动物疾病的控制与监督，保护本土物种的安全，保证畜产品国际贸易的安全性；能加强政府对动物的接种与疾病预防管理，提高对动物疾病的诊断与报告能力以及对境内外动物疫情的应急反应。图5-6是利用动物RFID标签对动物进行识别和跟踪技术。动物RFID标签大致分颈圈式、耳牌式、注射式和药丸式电子标签，如图5-6所示。

图5-6　RFID在动物识别与跟踪中的应用

数字养殖是RFID农业物联网应用的另一大领域。RFID电子标签可用于记录圈养牲畜的生理、生产活动，依托RFID技术、网络技术及数据库技术，可准确而全面的记录牲畜的饲养、生长和疾病防治情况，同时还对肉类品质等信息进行准确

标识，实现畜禽养殖信息的融合、查询和监控。许多国家将RFID技术应用于数字养殖，以增强动物性食品溯源机制。动物电子标签可识别诸多信息，如动物的基本情况（牲畜的品种、性别、免疫编号和出生日期等）、饲料使用情况、疾病和免疫进度等。系统将牲畜从出生到屠宰的防疫、检疫、监督工作贯穿起来，可实现对动物的快速、准确溯源（图5-7）。

图5-7　RFID应用于数字养殖过程

精细作物生产是利用电子标签或其他传感器自动记录田间影像与土壤酸碱度、温湿度、日照量乃至降雨量等变化，记录田间管理情况、农药使用情况等信息，可实现科学化、精细化的农业生产。另外，电子标签也可以用于存储农作物的生产者、品名、品种、等级、尺寸、净重、收获期、农田代码、包装日期等信息，为食品溯源提供源头数据。

农产品流通是通过在农产品上粘贴RFID标签，自动记录和识别农产品“生产—加工—仓储—运输—销售”等流通环节信息，提高产品信息在“产地—批发市场—零售市场”的采集速度和信息共享程度，可提高农产品物流效率和经济效益（图5-8）。

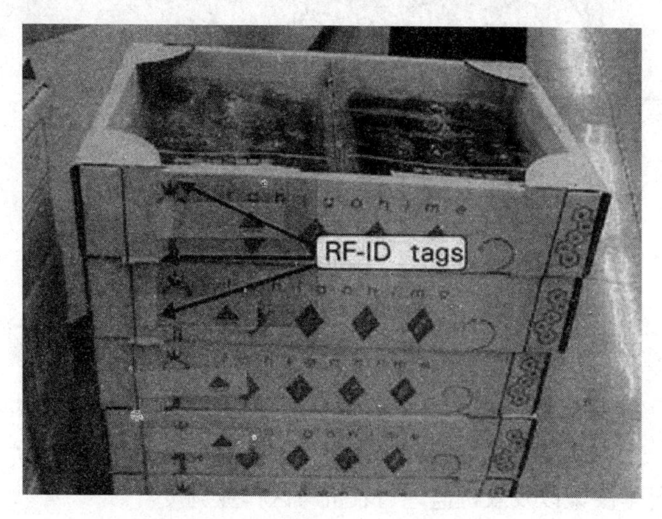

图5-8　RFID应用于农产品流通

第六章 智慧农业经营管理系统

第一节 农业信息监测平台

农业信息监测平台主要包括农业灾害预警、耕地质量监测、重大动植物疫情防控、农产品市场波动预测、农业生产经营科学决策以及农机监理与农机跨区作业调度。

一、农业灾害预警

农业灾害包含农业气象灾害、农业生物灾害以及农业环境灾害3部分，是灾害系统中最大的部门灾害。农业灾害的破坏作用是水、旱、风、虫、雹、霜、雪、病、火、侵蚀、污染等灾害侵害农用动植物、干扰农业生产正常进行、造成农业灾情的过程，也就是灾害载体与承灾体相互作用的过程。有些灾害的发生过程较长，如水土流失、土壤沙化等，称为缓发性灾害，大多数灾害则发生迅速，称为突发性灾害，如洪水、冰雹等。

农业灾害严重威胁了农业生产的正常顺利进行，对社会产生负面的效应。首先，对农户的生产生活造成了危害。其次，导致与农业生产相关的工业、商业、金融等社会经济部门受到影响。资金被抽调、转移到农业领域用于抗灾、救灾，扶持生产或用于灾后援助，解决灾区人民生活问题，因为，其他部门的生产计划受到影响，不能如期执行；在建或计划建设项目被推迟、延期或搁置；社会经济处于停滞甚至衰退萧条的状态。最终影响到国家政权的稳定。综上所述，可以看出对农业灾害进行预警对于增强人们对农业灾害的认识，进一步提前制定相应的减灾决策以及防御措施，对保障社会效益具有重要意义。

二、耕地质量监测

耕地质量分为耕地自然质量、耕地利用质量和耕地经济质量3类，其主要内容为耕地对农作物的适宜性、生物生产力的大小（耕地地力）、耕地利用后经济效益的多少和耕地环境是否被污染4个方面。国土资源部通过耕地质量等级调查与评定工作，将全国耕地评定为15个质量等别，评定结果显示我国耕地质量等级总体偏低。

耕地质量监测是《中华人民共和国农业法》、国务院《基本农田保护条例》等法律法规赋予农业部门的重要职责。为了实时掌握耕地质量变化情况及其驱动因素，并结合相应的整治措施以实现耕地质量的控制和提高，推进我国耕地质量建设、促进耕地的可持续利用。耕地质量监测成为不可或缺的重要环节。

三、重大动植物疫情防控

随着动植物农产品的流通日趋频繁，重大动植物疫情防控工作面临新的挑战，严重威胁着农业生产、农产品质量安全以及农业产业的健康发展。因此，将重大动植物疫情防控作为保障农民收入，加快农业经济结构调整，推进现代农业发展方式转变的重要任务具有重要意义。

对于动植物疫情防控工作，关键问题不是在具体的防疫工作和防疫技术上，而是在于动植物群体疫病控制的疫情信息分析上，否则，将使“防—控—治—管”各个环节缺乏先导信息的指导，防控行为的时效性、有效性、协调性和经济效益等方面都受到极大影响。建立动植物疫情风险分析与监测预警系统，将动植物疫情监测、信息管理、分析与预警预报等集于一体，利用现代信息分析管理技术、计算机模拟技术、GIS技术、建模技术、风险分析技术等信息技术，从不同角度、不同层次多方面对疫病的发生、发展及可能趋势进行分析、模拟和风险评估，可以提出在实际中可行、经济上合理的优化防控策略和方案，为政府决策部门提供了有效的决策支持。这对于从根本上防控与净化重大动植物疫病，确保畜牧业、农业、林业的可持续发展，推进社会主义新农村建设具有重大的现实意义和深远的历史意义。

四、农产品市场波动预测

农产品市场价格事关民众生计和社会稳定。为避免农产品市场价格大幅度波动，应加强农产品市场波动监测预警。农产品市场价格受多种复杂因素的影响，使得波动加剧、风险凸显，预测难度加大。在我国当前市场主体尚不成熟、市场体系尚不健全、法制环境尚不完善等现状下，农业生产经营者由于难以对市场供求和价格变化做出准确预期，时常要面临和承担价格波动所带来的市场风险；农业行政管理部门也常常因缺少有效的市场价格走势的预判信息，难以采取有预见性的事前调控措施；消费者由于缺少权威信息的及时引导，在市场价格频繁波动中极易产生恐慌心理，从而加速价格波动的恶性循环。因此，建设农产品市场波动预测体系对促进农业生产稳定、农民增收和农产品市场有效供给具有重要意义。

五、农业生产经营科学决策

科学决策是指决策者为了实现某种特定的目标，运用科学的理论和方法，系统地分析主客观条件做出正确决策的过程。科学决策的根本是实事求是，决策的依据要实在。决策的方案要实际，决策的结果要实惠。

目前，我国农业生产水平较高，已摒弃了传统的简单再生产，农民对与农业生产经营的目标已由自给自足转向最求自身利益最大化。为此，农民必须考虑自身种养殖条件、自身经济水平、所种植农产品的产量、农产品价格、相关政策等会对其收益造成的影响。但农民自身很难全面分析上述相关信息，并制定相应的农业生产经营决策。农业信息监测预警体系采用科学的分析方法对影响农民收入的相关信息进行分析，为农民提供最优的农业生产经营决策。合理的农业生产经营决策不仅有利于提高农民的个人收入，同时，对于社会资源的有效配置、国家粮食安全均具有重要意义。

六、农机监理与农机跨区作业调度

农机监理是指对农业机械安全生产进行监督管理。跨区作业是市场经济条件下提高农机具利用率的有效途径，通过开展农机跨区作业，有力地促进机械化新技术、新机具的推广。但是近年来，农业机械安全问题越来越突出，成为整个安全生产的焦点之一。由于外来的跨区作业队对当地的农业生产情况不了解，如何有序、高效安置各个跨区作业队的作业地点及作业时间，引导农机具的有序流动，做到作业队“机不停”，农户不误农时等问题均亟待解决。农业信息监测预警系统通过对农业机械事故发生的规律进行分析，找出其内在隐患，进一步将隐患消除在萌芽状态；通过对当地农业种养殖现状进行分析，找出其最优作业实施流程，对于最终实现农业机械安全、优质、高效、低耗的为农业生产服务，提高农业机械化整体效益具有重要意义。

第二节　智慧农业电子商务系统

农业电子商务是指利用现代信息技术（互联网、计算机、移动通信终端、多媒体等）为从事涉农领域的生产经营主体提供在网上完成产品或服务的销售、购买和电子支付等业务交易的过程。

一、农业电子商务概述

1. 发展农业电子商务对现代农业的重大意义

（1）农业电子商务有助于我国现代农业与国际市场接轨。在全球经济的大背景下，我国农产品市场遇到前所未有的机遇和挑战，全球化的市场正逐渐形成，农产品市场正面临越来越沉重的国内、外同行竞争的压力。农民经常对农产品市场信息不能完全了解，造成信息不对称。在农产品交易过程中，农民极度缺乏市场信息，增加了农民在农产品交易过程中的风险和不确定性。农业电子商务可以解决农民对农产品信息的了解、交流的问题。

（2）农业电子商务改变交易模式。农业电子商务已经成为开拓市场和参与全球竞争的必要手段。传统的“一手交钱，一手交货”的贸易模式将被打破。农民通过农业电子商务能够十分便捷、快速地完成信贷、担保、交易、支付、结汇等环节。使农民可以更贴近市场，提高生产的敏捷性和适应性，使农民可以迅速了解到消费者的偏好，购买习惯及要求，同时，可以将消费者的需求及时反映出来，从而促进农业贸易的繁荣发展。

（3）农业电子商务提升市场份额。农业电子商务突破了传统的空间限制，电子商务可以提供24小时的全天候营业时间，农民有更多的机会将产品销售到更远的地方，同时，农业电子商务可以将地理范围分散的，少量的、单独的农产品交易实现规模化贸易。另外，交互式的销售方式，使农民能够及时得到市场反馈，改进本身的工作，提供个性化服务，建立稳定的顾客群，从而提升市场份额。

（4）农业电子商务能降低经营成本。

①有效降低经营成本：农民在购买生产资料或出售农产品之前，可以通过网络进行价格比对，选择最合适的提供商。同时，农业电子商务可以帮助生产者及时获得管理信息、生产技术。生产者和经营者可以在网上签订种子、化肥及产品的供销合同。农民也可以在网上通过集体采购、招标等手段来降低生产成本。

②有效降低交易成本：农业电子商务可以减少第三方或中

介组织的参与，农民与消费者通过因特网可以直接进行交易，减少中间交易成本。据相关数据统计，在传统商务模式下，商品从订货到售出过程中费用约占企业成本的18%~20%，部分企业利用电子商务优化供应链后，将该费用比例降低到10%~12%。

③有效降低营销成本：使用互联网广告，其成本要比传统广告媒体节省75%。利用网络向全球发布本地农产品资源信息，宣传、推介本地丰富的优质农产品。同时，将本地区农产品推行标准化生产，创建网上农产品超市，不断扩大网上交易规模，逐步引入期货交易，发展“订单式农业”。

2. 发展农业电子商务的三大问题

电子商务的本质是通过互联网获得目标客户，并实现销售，获得收入，除了目前主流的淘宝（天猫）、京东、1号店等平台，目前还包括了微博、微信、移动互联网等新各类进行电子商务的渠道和方式；但电子商务无法解决线下的各种问题。特别农产品产业链复杂而漫长，电子商务在农产品不能解决的问题主要有3个问题。

（1）物流配送成本高昂，冷链不完善。农产品电商标准化不够，同样1.5千克猪肉，到底买到的是猪腿肉，还是其他部位，到底肥膘有多少，这些都是电子商务下单时无法控制的。

信任问题，消费者如何对广告宣传产生信任感？是否真的有机？是否真的没用化学物质保鲜储存？让我们先看下各电商的物流提货成本，我们会发现，假设客单价是100元，25%~40%的成本是物流成本，相比较服装电商（5元左右）的物流成本；物流成本的高昂让农产品电商相比较传统的超市分销模式变得缺少竞争力。

（2）农产品物流成本的高昂。农产品物流成本的高昂和中国冷链的不完善也有很大的关系。由于冷链的不完善，造成中国农产品流通不出去，即使流通出去，也卖不出好价钱。据统计，中国每年果蔬损耗率25%~30%，年损失800亿元，可解决2亿人的温饱问题。

（3）农产品标准化的问题。目前生鲜电商的平台有顺丰优选，易果，正大天地，本来生活，天天果园等。但有意思的是，可以发现，所有这些平台，进口食品的品类都超过了40%。这和中国农产品的非标准化是息息相关的。很显然，既然物流成本高昂，当然高客单价才能获利，而高客单价意味着高端人群，而打动高端人群的最直接的就是进口食品。

二、电子商务系统的逻辑构成

电子商务系统是保证以电子商务为基础的网上交易实现的体系。而农业电子商务系统是电子商务系统的一个重要分支，其交易内容是涉农物资及信息。

电子商务系统是由基于Intranet（企业内部网）基础上的企业管理信息系统、电子商务站点和企业经营管理组织人员组成。

1. 企业内部网络系统

当今时代是信息时代，而跨越时空的信息交流传播是需要通过一定的媒介来实现的，计算机网络恰好充当了信息时代的“公路”。计算机网络是通过一定的媒体如电线、光缆等媒体将单个计算机按照一定的拓扑结构联结起来的，在网络管理软件的统一协调管理下，实现资源共享的网络系统。

根据网络覆盖范围，一般可分为局域网和广域网。由于不同计算机硬件不一样，为方便联网和信息共享，需要将Internet的联网技术应用到LAN中组建企业内部网（Intranet），它的组网方式与Internet一样，但使用范围局限在企业内部。为方便企业同业务紧密的合作伙伴进行信息资源共享，为保证交易安全在Internet上通过防火墙（Fire Wall）来控制不相关的人员和非法人员进入企业网络系统，只有那些经过授权的成员才可以进入网络，一般将这种网络称为企业外部网（Extranet）。如果企业的信息可以对外界进行公开，那么企业可以直接连接到Internet上，实现信息资源最大限度的开放和共享。

企业在组建电子商务系统时，应该考虑企业的经营对象是谁，如何采用不同的策略通过网络与这些客户进行联系。一般说来，将客户可以分为3个层次并采取相应的对策，对于特别重要的战略合作伙伴关系，企业允许他们进入企业的Intranet系统直接访问有关信息；对于与企业业务相关的合作企业，企业同他们共同建设Extranet实现企业之间的信息共享；对普通的大众市场客户，则可以直接连接到Internet。由于Internet技术的开放、自由特性，在Internet上进行交易很容易受到外来的攻击，因此，企业在建设电子商务时必须考虑到经营目标的需要以及保障企业电子商务安全。否则，可能由于非法入侵而妨碍企业电子商务系统正常运转，甚至会出现致命的危险后果。

2. 企业管理信息系统

企业管理信息系统是功能完整的电子商务系统的重要组成部分，它的基础是企业内部信息化，即企业建设有内部管理信息系统。企业管理信息系统是一些相关部分的有机整体，在组织中发挥收集、处理、存储和传送信息以及支持组织进行决策和控制。企业管理信息系统的最基本系统软件是数据库管理系统DBMS（Database Management System），它负责收集、整理和存储与企业经营相关的一切数据资料。

从不同角度，可以对信息系统进行不同的分类。根据具有不同功能的组织，可以将信息系统划分为营销、制造、财务、会计和人力资源信息系统等。要使各职能部门的信息系统能够有效地运转，必须实现各职能部门信息化。例如，要使网络营销信息系统能有效运转，营销部门的信息化是最基础的要求。一般为营销部门服务的营销管理信息系统主要功能包括：客户管理、订货管理、库存管理、往来账款管理、产品信息管理、销售人员管理以及市场有关信息收集与处理。

根据组织内部不同组织层次，企业管理信息系统可划分为四种信息系统：操作层、知识层、管理层、战略层系统。操作层管理系统是支持日常管理人员对基本经营活动和交易进行跟踪和记录，如销售、接受、现金、工资、原材料进出、劳动等数据。系统的主要原则是记录日常交易活动解决日常规范问题，如销售系统中今天销售多少，库存多少等基本问题。知识层系统是用来支持知识和数据工作人员进行工作，帮助公司整理和提炼有用信息和知识。信息系统可以减少对纸张依赖，提高信息处理的效率和效用，如销售统计人员进行分析和统计销售情况，供上级进行管理和决策使用，解决的主要是结构化问题。管理层系统设计是用来为中层经理的监督、控制、决策以及管理活动提供服务，管理层提供的是中期报告而不是即时报告，主要用来管理业务进行如何、存在什么问题等，充分发挥组织内部效用，主要解决半结构化问题。战略管理层，主要是注视外部环境和企业内部制订和规划的长期发展方向，关心现有组织能力能否适应外部环境变化以及企业的长期发展和行业发展趋势问题，这些通常是非结构化问题。

3. 电子商务站点

电子商务站点是指在企业Intranet上建设的具有销售功能的，能连接到Internet上的WWW站点。电子商务站点起着承上启下的作用，一方面它可以直接连接到Internet，企业的顾客或者供应商可以直接通过网站了解企业信息，并直接通过网站与企业进行交易。另一方面，它将市场信息同企业内部管理信息系统连接在一起，将市场需求信息传送到企业管理信息系统，然后，企业根据市场的变化组织经营管理活动；它还可以将企业有关经营管理信息在网站上进行公布，使企业业务相关者和消费者可以通过网上直接了解企业经营管理情况。

企业电子商务系统是由上述3个部分有机组成的，企业内部网络系统是信息传输的媒介，企业管理信息系统是信息加工、处理的工具，电子商务站点是企业拓展网上市场的窗口。因此，企业的信息化和上网是一复杂的系统工程，它直接影响着整个电子商务的发展。

4. 实物配送

进行网上交易时，如果用户与消费者通过Internet订货、付款后，不能及时送货上门，便不能实现满足消费者的需求。因此，一个完整的电子商务系统，如果没有高效的实物配送物流系统支撑，是难以维系交易顺利进行的。

5. 支付结算

支付结算是网上交易完整实现的很重要一环，关系到购买者是否讲信用，能否按时支付；卖者能否按时回收资金，促进企业经营良性循环的问题。一个完整的网上交易，它的支付应是在网上进行的。但由于目前电子虚拟市场尚处在演变过程中，网上交易还处于初级阶段，诸多问题尚未解决，如信用问题及网上安全问题，导致许多电子虚拟市场交易并不是完全在网上完成交易的，许多交易只是在网上通过了解信息撮合交易，然后利用传统手段进行支付结算。在传统的交易中，个人购物时支付手段主要是现金，即一手交钱一手交货的交易方式，双方在交易过程中可以面对面地进行沟通和完成交易。网上交易是在网上完成的，交易时交货和付款在空间和时间上是分割的，消费者购买时一般必须先付款后送货，可以采用传统支付方式，也可以采用网上支付方式。

上述5个方面构成了电子虚拟市场交易系统的基础，它们是有机结合在一起的，缺少任何一个部分都可能影响网上交易顺利进行。Internet信息系统保证了电子虚拟市场交易系统中信息流的畅通，它是电子虚拟市场交易顺利进行的核心。企业、组织与消费者是网上市场交易的主体，实现其信息化和上网是网上交易顺利进行的前提，缺乏这些主体，电子商务失去存在意义，也就谈不上网上交易。电子商务服务商是网上交易顺利进行的手段，它可以推动企业、组织和消费者上网和更加方便利用Internet进行网上交易。实物配送和网上支付是网上交易顺利进行的保障，缺乏完善的实物配送及网上支付系统，将阻碍网上交易完整的完成。

三、电子商务系统的功能组成

企业通过实施电子商务实现企业经营目标，需要电子商务系统能提供网上交易和管理等全过程的服务。因此，电子商务系统应具有广告宣传、咨询洽谈、网上订购、网上支付、电

子账户、服务传递、意见征询、业务管理等各项功能。

1. 网上订购

电子商务可借助Web中的邮件或表单交互传送信息，实现网上的订购。网上订购通常都在产品介绍的页面上提供十分友好的订购提示信息和订购交互格式框。当客户填完订购单后，通常系统会回复确认信息来保证订购信息的收悉。订购信息也可采用加密的方式使客户和商家的商业信息不会泄露。

2. 货物传递

对于已付了款的客户应将其订购的货物尽快地传递到他们的手中。若有些货物在本地，有些货物在异地，电子邮件将能在网络中进行物流的调配。而最适合在网上直接传递的货物是信息产品，如软件、电子读物、信息服务等。它能直接从电子仓库中将货物发到用户端。

3. 咨询洽谈

电子商务借助非实时的电子邮件、新闻组和实时的讨论组来了解市场和商品信息，洽谈交易事务，如有进一步的需求，还可用网上的白板会议来交流即时的图形信息。网上的咨询和洽谈能超越人们面对面洽谈的限制，提供多种方便的异地交谈形式。

4. 网上支付

电子商务要成为一个完整的过程，网上支付是重要的环节。客户和商家之间可采用多种支付方式，省去交易中很多人员的开销。网上支付需要更为可靠的信息传输安全性控制，以防止欺骗、窃听、冒用等非法行为。

5. 电子银行

网上的支付必须要有电子金融来支持，即银行、信用卡公司等金融单位要为金融服务提供网上操作的服务。

6. 广告宣传

电子商务可凭借企业的Web服务器和客户的浏览，在Internet上发布各类商业信息。客户可借助网上的检索工具迅速地找到所需商品信息，而商家可利用网页和电子邮件在全球范围内做广告宣传。与以往的各类广告相比，网上的广告成本最为低廉，而给顾客的信息量却最为丰富。

7. 意见征询

电子商务能十分方便地采用网页上的“选择”“填空”等格式文件来收集用户对销售服务的反馈意见。这样，使企业的市场运营能形成一个封闭的回路。客户的反馈意见不仅能提高售后服务的水平，更能使企业获得改进产品、发现市场的商业机会。

8. 业务管理

企业的整个业务管理将涉及人、财、物多个方面，如企业和企业、企业和消费者及企业内部等各方面的协调和管理。因此，业务管理是涉及商务活动全过程的管理。

第三节　农村土地流转公共服务平台

农村土地流转其实是一种通俗和省略的说法，全称应该称为农村土地承包经营权流转。也就是说，在土地承包权不变的基础上，农户把自己承包村集体的部分或全部土地，以一定的条件流转给第三方经营。土地流转服务体系是新型农业经营体系的重要组成部分，是农村土地流转规范、有序、高效进行的基本保障。建立健全农村土地流转服务体系，需要做到以下几方面。

一、健全信息交流机制

信息交流机制是否健全有效，直接关系土地流转的质量和效率。当前，由于农民土地流转信息渠道不畅，土地转出、转入双方选择空间小，土地流转范围小、成本高，质量不尽如人意。政府部门应加强土地流转信息机制建设，适应农村发展要求，着眼于满足农民需要，积极为农民土地流转提供信息服务与指导；适应信息化社会要求，完善土地流转信息收集、处理、存储及传递方式，提高信息化、电子化水平。各地应建立区域土地流转信息服务中心，建立由县级土地流转综合服务中心、乡镇土地流转服务中心和村级土地流转服务站组成的县、乡、村三级土地流转市场服务体系。在此基础上，逐步建立覆盖全国的包括土地流转信息平台、网络通信平台和决策支持平台在内的土地流转信息管理系统。

二、建立政策咨询机制

农村土地流转政策性强，直接关系农民生计，必须科学决策、民主决策。为此，需要建立政策咨询机制，更好发挥政策咨询在土地流转中的作用。一是注重顶层设计与尊重群众首创相结合。土地流转改革和政策制定需要顶层设计，也不能脱离群众的实践探索和创造。要善于从土地流转实践中总结提炼有特色、有价值的新做法、新经验，实现政策的顶层设计与群众首创的有机结合。此外，农村土地流转涉及农民就业、社会保障、教育、卫生以及城乡统筹发展等方方面面的政策，需要用系统观点认识土地流转，跳出土地看流转，广泛征集和采纳合理建议，确保土地流转决策的科学性。二是构建政策咨询体系。建立土地流转专家咨询机构，开展多元化、社会化的土地流转政策研究；实现政策咨询制度化，以制度保证土地流转决策的专业性、独立性；完善配套政策和制度，形成一个以政策主系统为核心，以信息、咨询和监督子系统为支撑的土地流转政策咨询体系。

三、完善价格评估机制

土地流转价格评估是建立健全农村土地流转市场的核心，是实现土地收益在国家、村集体、流出方、流入方和管理者之间合理、公平分配的关键。因此，必须完善土地流转价格评估机制。一是构建科学的农地等级体系。农村土地存在等级、肥力、位置等的差异，不仅存在绝对地租，也存在级差地租。应建立流转土地信息库，对流转土地评级定等，制定包括土地级差收入、区域差异、基础设施条件等因素在内的基准价格。二是建立完善流转土地资产评估机构，引入第三方土地评估机构和评估人员对流转交易价格进行评估。三是制定完善流转土地估价指标体系。建立切合各地实际、具有较高精度的流转土地价格评估方法和最低保护价制度，确保流转土地估价有章可循。四是建立健全土地流转评估价格信息收集、处理与公开发布制度。信息公开、透明是市场机制发挥作用的前提。应建立包括流转土地基准价格、评估价格和交易价格等信息在内

的流转土地价格信息登记册，反映流转价格变动态势，并通过电子信息网络及时公开发布。五是建立全国统一的流转土地价格动态监测体系，完善土地价格评估机制。

伴随着土地流转制度出台，加快了各地相继实施农地流转试点，就直接促进农村产权交易所的成立，为农地入市搭建平台，建立县、乡、村三级土地流转管理服务机构，发展多种形式的土地流转中介服务组织，搭建县乡村三级宽带网络信息平台，及时准确公开土地流转信息，加强对流转信息的收集、整理、归档和保管，及时为广大农户提供土地流转政策咨询、土地登记、信息发布、合同制定、纠纷仲裁、法律援助等服务。

第四节　农业电子政务平台

一、农业电子政务的含义

电子政务是指政府机构运用信息与互联网技术，将政府管理和服务职能通过精简、优化、整合、重组后到网上实现，打破时间、空间以及条块的制约，从而加强对政府业务运作的有效监管、提高政府的运作效率，为公众、企业及自身提供一体化的高效、优质、廉洁的管理和服务过程。

农业电子政务是利用计算机和网络技术在网上实现农业系统内部和外部的管理和服务职能的办公方式，这种办公方式极大地扩展了传统意义上农业系统的办公范围，提高了办公效率。

随着信息技术和互联网技术的飞速发展，电子政务已成为全球关注的热点。我国是农业大国，农村人口多，在地理分布上十分分散，人均耕地少，生产效率低，抗风险能力差，农产品在国际竞争中处于劣势地位。目前，我国农业正处于由传统农业向现代农业转型时期，对信息的要求高，迫切要求农业生产服务部门能提供及时的指导信息和高效的服务。与传统农业相比，现代农业必须立足于国情，以产业理论为指导，以持续发展为目标，以市场为导向，依靠信息体系的支撑，广泛应用计算机、网络技术，推动农业科学研究和技术创新，大力发展电子商务，推动农产品营销方式的变革。通过大力发展农业电子政务，农业生产经营者可从农业信息网及时获得生产预测和农产品市场行情信息，从而可实现以市场需求为导向进行生产，增强了生产的目的性和农产品的竞争力。大力发展农业电子政务还可从根本上弥补当前我国农业管理体制的不足，实现各涉农部门信息资源高度共享，共同为农业生产和农村经济发展服务。

二、农业电子政务的特点

与传统政府的公共服务相比，电子政务除了具有公共物品属性，如广泛性、公开性、非排他性等本质属性外。还具有直接性、便捷性、低成本性以及更好的平等性等特征。

我国农业生产和农业管理的特点决定了我国非常有必要大力推进农业电子政务建设。我国与发达国家相比，在以市场为导向进行农业生产、农产品的竞争地位等方面还有相当大的差距。通过大力发展农业电子政务，农业生产经营者可从农业信息网及时获得生产预测和农产品市场行情信息，从而可实现以市场需求为导向进行生产，增强了生产的目的性和农产品的竞争地位。大力发展农业电子政务还可从根本上弥补当前我国农业管理体制的不足，实现各涉农部门信息资源高度共享，共同为农业生产和农村经济发展服务。

三、农业电子政务的应用

我国是农业大国，农村人口多，在地理分布上十分分散，人均耕地少，生产效率低，抗风险能力差，农产品在国际竞争中处于劣势地位。目前，我国农业正处于由传统农业向现代农业转变的时期，对信息的要求高，迫切要求农业生产服务部门能提供及时的指导信息和高效的服务。与传统农业相比，现代农业必须要立足于国情。以产业理论为指导，以持续发展为目标，以市场为导向，依靠信息体系的支撑，广泛应用计算机、网络技术，推动农业科学研究和技术创新，在大力发展农业电子商务的同时，还应发展农业电子政务，以推动农产品营销方式的变革。

第七章 农村信息服务平台

第一节　农村生活信息服务平台

与农业生活相关的信息主要为农村教育、农村医疗、金融贷款，对于提高农民自身发展，改善农民生活水平具有重要意义。

一、农村教育

虽然国家在农村教育方面投入了大量资金，但是在农村地区对教育的需求依然很大。由于各种条件的限制，在农村不可能拥有与城市一样的教学环境，因此，首先需要一种手段和渠道来满足这种的需求；其次是为增加收入，外出务工已然成为农民的一个重要收入选择。但随着劳动力市场的不断充足，用工单位对劳动力的技能也提出了更高的要求，没有一技之长的工人越来越难适应新形势下的工作环境。

二、农村医疗

由于经济发展不平衡，我国医疗资源发展也极度不平衡，基层医疗机构医生资源不足、诊疗水平低、病人信任度低等问题日益严重。通过远程医疗系统的构建，将优质医疗设备与基层农村医疗机构互联互通，通过健康体检、远程健康咨询等手段，实现先进医疗资源的共享。这种手段对于解决农民“看病贵，看病难”等问题、改善农民生活条件具有实际意义。

三、农村金融

农村金融是指一切与农村货币流通和信用活动有关的各种经济活动。近年来，随着中国新型农村金融机构逐步兴起和发展，当前中国农村正规金融体系已经不限于传统的商业银行、政策性银行以及农村信用合作社，而且还囊括了村镇银行、小额贷款公司等。金融机构结合农村金融服务需求特点，积极探索扩大抵押担保范围，扩大小额信用贷款和联保贷款的覆盖范围，涌现了集体林权抵押贷款、大型农机具抵押贷款、“信贷+保险”产品、中小企业集合票据、涉农企业直接债务融资工具等在全国范围内较有影响的创新产品以及一些具有地方特色的创新实践。然而不少农民缺乏对现代金融方针、政策、金融知识的了解，对银行的认识仅停留在传统的存、取款上。通过提供此类信息服务，促使农民对农村金融进行深入了解，进一步找出适合自己的金融服务项目来改善农业生产条件，提高收入。

第二节　农村生产信息服务平台

与农业生产相关的信息主要包括农业政策、农产品市场、农业科技、农业保险等，这些信息呈现出自上而下单向信息流的特点，是农民进行生产决策的重要依据，农民通过获取此类信息，可有效地定位于市场，把握市场价格变化，对这类信息的利用将直接影响到农民的种养殖结构及其收入。

一、农业政策

农业政策是指国家为加强农业发展对农业实施的一系列措施。当前，国家相继出台了一系列惠农政策，如种粮直补政策、农资综合补贴政策、良种补贴政策、农机购置补贴政策、农产品目标价格政策等共计50多项，但农民能够真正详细了解得不多。政策的扶持与引导作为发展农业生产的保证，确保农民及时准确地获取中央政策的精神，了解相关政策方针，做到政情的上传下达，实现有关惠农政策的落实到位具有重要意义。

二、农产品市场

农产品市场信息的流通是增加农民收入、降低农业风险的关键。市场经济使农民有了充分的自主经营权，但也带来盲目经营的问题。因此，农民急需获取可靠可用的农产品市场信息，以便有效地定位于市场，把握市场价格变化，进而合理地安排种养殖结构，及时地调整生产。对这类信息的利用将直接影响到农民的收入、生活水平等诸方面。

三、农业科技

农业科技是农民最急需、最关注的信息。农民要脱贫致富，第一，需得到各种投资少、见效快、易掌握、好操作的实用农业科学技术方面的信息。即使是已经摆脱贫困的农民，要想在有限的土地上获得高效益，做到节本增效、优质高产，走上小康之路，仍然离不开实用技术信息的持续供给。第二，农民需要能够对当地地情进行分析的农业科技。尽管农民在生产过程中积累了大量的经验，但是随着农药、化肥等化学投入品的使用，当地的地情发生了一系列变化。通过分析地情，找出最适宜的种植品种，对提高土地利用率以及农民收入具有重要意义。第三，农民还需要高产、优质、高效经济作物和市场畅销的畜禽养殖新品种方面的信息以及能解决关键问题、提高产品附加值的高新技术信息。激烈的市场竞争也使农民认识到要想致富，整天埋头田间劳动是远远不够的，还必须随时观察市场走向，瞅准市场空档，巧钻市场冷门，引进新品种，运用新技术，增加产品的科技含量，努力培育出农产品的与众不同之处，做到“人无我有、人有我优、人优我鲜”，出奇制胜，推陈出新，才能获得好的效益。

四、农业保险

农业是同时面临自然、市场和技术三重风险的高风险产业。农业保险作为专为农业生产者在从事种植业、林业、畜牧业和渔业生产过程中，对遭受自然灾害、意外事故疫病、疾病等保险事故所造成的经济损失提供保障的一种保险，对于保障农民收入，改善农业生产条件以及农业现代化建设具有重要意义。很多农民目光短浅，只看到保险需要缴钱，没有看到保险给他们带来的利益。通过提供此类信息服务，农民可以充分了解农业保险的相关信息，看到农业保险带来的效益，使其从中选择适合自己的农业保险种类进行投保，进一步保障其农业收入，促进农业保险的健康发展。

第三节　重大农业信息化工程

一、金农工程

2002年8月，中办、国办转发的《国家信息化领导小组关于我国电子政务建设指导意见》（中办发〔2002〕17号）将金农工程列为国家电子政务重点建设的12个系统之一。其一期项目由国家统一立项、统一规划，农业部牵头，国家粮食局配合，中央地方分别投资建设，中央给予西部12个省（区、市）和新疆建设兵团资金补助。2007年年底，金农工程一期中央本级项目和各地方项目陆续进入建设实施阶段。2011年，农业部本级项目建设内容全部完成并通过初步验收。2012年，国家粮食局本级项目建设完成并通过初步验收；各地方项目全面推进，基本完成项目建设任务。

农业部和国家粮食局本级项目全部完成。到2011年年底，国家发展改革委原批复农业部本级项目建设内容和在原投资规模内调增的农业部应急指挥场所建设等建设内容全部完成，并于2011年12月31日通过了初步验收，全面进入试运行阶段。项目建设达到了预期目标，为进一步推进农业信息化建设奠定了基础。通过项目建设，改造计算机房1 194平方米，购置硬件设备844台（套）、软件483套，实际完成总投资16 617万元。已建成国家农业综合门户网站和农业监测预警、农产品和生产资料市场监管信息、农村市场和科技信息服务三大应用系统；构建了农产品监测预警、动物疫情防控信息管理、农业信息采集、农产品与生产资料市场监管信息、农业科技信息联合服务、农产品批发市场价格信息服务、农村市场供求信息全国联播服务等子系统；建设了统一的信息安全管理体系、技术体系、运维体系和农业电子政务标准规范体系。项目通过了中国信息安全测评中心所做的信息安全等级测评和风险评估，所测评的金农工程一期各信息系统均基本符合相应的等级保护三级和二级要求，风险评估结论为属于低风险水平。2012年7月25日，国家粮食局本级项目全面完成并通过初步验收。

各地方项目基本完成规定建设任务。为进一步推动地方项目建设，农业部市场与经济信息司2011年4月在西安市主持召开了全国推进金农工程一期项目实施工作会议。会后，农业部办公厅、国家粮食局办公室联合发出了《农业部办公厅、国家粮食局办公室关于加快推进金农工程一期项目实施工作的通知》（农办市〔2011〕10号），启动了“一月一报告、一月一检查、一月一通报”制度。2011年12月，农业部市场与经济信息司下发了《关于金农工程地方项目验收评估工作有关意见的函》，对地方项目成果验收评估工作进行了安排部署。西安会议后，各地方项目建设全面推进，其中，河南省发展改革委对河南金农工程一期项目可行性研究报告进行了批复立项，投资规模1 285万元。国家给予资金补贴的12个西部地区省份和新疆生产建设兵团基本完成建设任务，并报金农工程项目建设办公室备案。

农业部本级项目试运行状态良好。农业综合统计、物价监测、成本调查、农机事故、农情调度等农业部当前16类主要业务数据采集系统信息填报用户已达3.1万个，累计采集省、地、县各级报表近94万张，抓取国外农业信息563万余条，显著提升了农业系统各部门信息采集、处理和服务能力。对小麦、玉米、稻谷、生猪等关系国计民生的18类重要农产品进行动态监测预警，从供求安全、生产波动、市场价格波动、国际价格竞争力、进口影响指标等方面开展了部省联动的实时在线的分析预警工作，已上报预警信息500余篇，大大提高了国家的农产品市场风险监测能力和先兆预警能力。国家农业综合门户网站日均点击量约500万次，信息发布量日均超过500篇。农产品批发市场价格信息服务系统实现了每日农产品价格行情数据的在线填报和实时采集，覆盖了700多家农业部定点批发市场、共500余种农产品的交易价格，日报价数据8 000余条。价格数据经整理后及时在国家农业综合门户网站以及中央电视台2套经济频道、中央人民广播电台、农民日报等传统媒体对外发布。农村市场供求信息全国联播服务系统，帮助农户与市场进行农产品产销对接，着力解决农产品买难卖难问题。部省农业科技信息联合服务系统已采集发布农业科技信息3万余条，拓宽了直接面向社会公众的服务咨询渠道。农业行政综合办公（审批）系统已累计接受行政审批业务41万余件，平均办结时间缩短近2/3。融通信、指挥、展示、监控、会议、网络于一体的农业部应急指挥场所具备“平战结合、响应快速”的特色，有效应对了各类农业突发事件、切实提升了农业应急管理水平，减少了灾害损失和影响，有效维护群众利益。

项目取得了良好成效。通过金农工程一期项目建设，已建成国家和省两级农业数据中心、国家农业科技数据分中心，国家粮食局粮食购销调存数据中心，构建起了部省统一的农业电子政务应用支撑平台、国家农业综合门户网站和31个农业行业电子政务应用子系统，升级改造了农业部应急指挥系统，建立了统一的信息安全管理体系、技术体系和运维体系。实现了部省数据共享，支撑了业务管理系统间的协同应用，提高了各级农业部门履职能力，促进了服务型政府、法制型政府、责任型政府建设，拓宽了农业部门面向社会的服务渠道，提升了“三农”服务的能力和水平，为农业农村经济发展提供了有力保障。

二、全国农业综合信息服务平台项目

2012年年初，农业部启动全国农业综合信息服务平台即12316中央平台建设工作，重点打造了以中央平台为系统依托，以省级平台为应用组织保障，以农民专业合作社示范应用为服务基础，基于电脑、手机、3G上网本等多种终端的综合信息服务平台。目前，12316中央平台各系统已建设完成并投入试运行，丰富了开展农业综合信息服务的方式和手段，支撑了农业部门业务应用，在政府、企业、农户、合作社等涉农主体之间搭建起了一个综合性的沟通互动桥梁，随着推广应用的不断深入，平台正逐渐成为各级农业部门开展综合信息服务的重要载体和窗口。

一是基础设施条件更加完善。依托国家农业数据中心统一的网络、安全等基础保障，构建了统一的平台运行环境，系统的计算、网络、存储等能力大幅提升。12316呼叫中心职场环境基本建成，为语音平台对外服务提供了良好的环境。制定了数据交换、系统集成等标准规范，系统信息交换和共享标准化程度进一步提高。

二是信息资源共享程度明显提高。通过对有关农业政策、科技、市场、专家知识库等涉农信息资源进行整体规划，打造了统一的12316门户网站和12316短彩信平台、农民专业合作社经营管理系统等应用系统，初步实现了部省12316信息资源的共享和整合，形成了集中统一的12316农业信息服务平台。同时，通过用户实名注册管理，有效保障了信息资源真实可靠，为涉农部门间搭建起了沟通交流的平台，创新了服务方式，有效提高了为农服务效能。

三是为部门业务开展提供了高效手段支撑。12316短彩信平台覆盖了移动、电信、联通手机用户，实现了与现有业务系统的对接，为业务部门工作开展提供了高效先进的信息化手段支撑。作为“中国农民手机报（政务版）”的支撑平台，每次发送用户数量已达4万多，为广大用户及时了解农业资讯提供了很大便利。部有关业务单位也将其作为开展业务工作的重要手段，已有50多家用户注册使用，如农业部机关党委廉政短信、行政审批综合办公大厅和部值班室通知短信等，大大提高了办公效率。

四是促进提高了农业生产经营管理水平。农民专业合作社经营管理系统的建成，为引导农民专业合作社开展生产经营活动，提高农民专业合作社的管理和运营水平提供了现代化的管理手段，同时，节省了合作社网站建设成本，提高了合作社信息共享效率。2012年在北京、辽宁、吉林、黑龙江、上海、江苏、浙江、安徽、福建、广西、重庆、甘肃12个试点省区市600个农民专业合作社进行了系统示范应用，并陆续有新的合作社申请开通使用。目前，系统共注册备案合作社5 800余家。

五是为农技推广和创新提供了便捷通道。广大农技推广部门和基层信息服务站点的专家、信息服务人员均可以利用农业综合信息服务平台开展专家咨询、视频诊断、农业科技讲座、技术交流等活动，广大农户也可通过平台及时了解掌握农业新技术、新产品、新动向等各类涉农信息，为农业科技推广和创新工作搭建了便捷实用的综合平台，可以有效解决农民群众生产生活中的实际困难，减少农业损失，提高农业科技服务的精准性和实效性。

三、开展数字农业建设试点项目

2017年1月24日，农业部办公厅印发了《农业部办公厅关于做好2017年数字农业建设试点项目前期工作的通知》（简称《通知》）。该《通知》指出，为贯彻落实“十三五”国民经济和社会发展纲要、全国农业现代化规划关于实施智慧农业工程的部署，提高农业信息化水平，探索建设模式，经研究，决定从2017年起组织开展数字农业建设试点项目。其中，2017年，重点开展大田种植、设施园艺、畜禽养殖、水产养殖4类数字农业建设试点项目，结合产业类型，支持精准作业、精准控制设施设备、管理服务平台等内容建设。经过项目申报单位的申请、专家评审等程序后，最终确定了20个2017年数字农业建设试点拟储备项目，其中，大田种植5个、设施园艺6个、畜禽养殖7个、水产养殖2个，并于2017年3月20日公示。

2017年10月9日，农业部办公厅印发了《2018年数字农业建设试点项目申报指南》，指出2018年将重点建设大田种植、园艺作物、畜禽养殖、水产养殖4类数字农业建设试点项目，并详细说明了申报要求。经过评审，于2017年11月15日公示了《2018年度数字农业建设试点专项公示项目名单》，共包括37个项目，其中，园艺作物类12个、大田种植类5个、畜禽养殖类14个、水产养殖类6个。

2018年10月23日，农业部办公厅印发了《关于抓紧做好2019年数字农业建设试点项目申报工作的通知》，指出2019年将重点开展以下试点任务：一是建设农业生产经营主体、耕地、渔业水域、农产品市场交易、农业投入品等重要领域数据资源，大力培育新生产要素；二是发展数字田园、智慧养殖、农产品电子商务，推进数字技术与农业生产经营相融合，提升数字化生产力；三是开展重大关键技术研发，加快突破技术瓶颈，提高数字农业创新能力。对各项目的建设内容、申报条件及申报数量等进行了详细说明。

参考文献

傅泽田. 2015. 互联网+现代农业：迈向智慧农业新时代[M]. 北京：电子工业出版社.

江洪. 2015. 智慧农业导论：理论、技术和应用[M]. 上海：上海交通大学出版社.

李道亮. 2012. 农业物联网导论[M]. 北京：科学出版社.

王振录，梁雪峰，陈胜利. 2017. 农业物联网技术与应用[M]. 北京：中国农业科学技术出版社.

温孚江. 2015. 大数据农业[M]. 北京：中国农业出版社.

中国电信智慧农业研究组. 2013. 智慧农业：信息通信技术引领绿色发展[M]. 北京：电子工业出版社.